Beyond Aviation Human Factors

超越航空人为因素

丹尼尔·E·马力诺（Daniel E.Maurino）
詹姆斯·瑞森（James Reason）
尼尔·约翰斯顿（Neil Johnston）
罗伯特·B·李（Rob B.lee） 著

倪海云 译

中国工人出版社

译者序

如果诺贝尔奖中有“安全管理”这个专业，那么我认为这个奖项一定要授予英国曼彻斯特大学James Reason教授。James Reason教授当之无愧的原因在于他在其著名的心理学专著《人为差错》一书中提出了REASON（瑞士奶酪）模型的概念。这一概念通过国际民航组织的推荐成为航空事故调查与分析最主要的理论模型之一。

这本书实际上就是REASON模型在航空界的具体案例运用。通过实实在在发生的各种案例（不安全事件）说明这个模型对于分析和预防各类不安全事件的有效性。

译者在这里所要强调的是：希望读者一定从“系统安全”的层面来思索和研究此模型。译者认为该模型是使用系统思维的一种分析框架，从显性主动失效（个人的行为、设备的故障等）与隐性潜在（组织和管理）因素的关系入手，将决策和组织差错联系起来。显性失效是那些个人的作为或不作为，包括差错和引起即刻不良后果的违规行为等。它们通常被认定为“不安全行为”。这类失效通常与一线工作人员（飞行员、空中交通管制员、机务维修工程师、一线员工，等等）相关。它们有可能穿透或绕过那些由航空组织、监管机构、局方所设置的各类安全防御系统（防御层、堡垒层和保障措施），最终导致不安全事件的发生。而这些“不安全行为”的背后则更为关键：在任何运行环境中都有许多促成差错和违规发生的条件，可能影响到个人和组织的行为。比如非最佳的工作条件会使工作人员产生前面所提到的显性主动失效。这里就涉及了组织决策程序，包括各种政策制订、计划、沟通、资源配置、监管，等等。毫无疑问，James Reason教授认为：组织程序的漏洞和缺陷才是事故路径产生的最大问题所在。

总而言之，这本书给译者最大的启发是——系统思维，是把认识的对象作为系统，从系统和要素、要素和要素、系统和环境之间的相互联系、相互作用中综合地考察、认识对象的一种思维方法，换言之，就是让我们建立整体观和大局观。从组织事故的角度来看，安全工作应该监控组织程序中的漏洞和不足，以认定各种随之而来的隐患条件，从而加强防御层的建设。REASON 模型的优点就在于全面揭示了事故的发展过程，从系统角度突出了组织过程 / 流程在事故中的责任，以及所扮演的角色。

这是一个安全系统管理的时代，各家航空企业都在想方设法打造 SMS 体系。显然，这个时代对于安全管理的“价值”各有各的理解和认识，价值可以是利润，可以是市场份额，可以是企业变革创新，可以是企业崛起和蓬勃发展，但是对于航空企业而言，在这个时代我们最大的公约数就是——安全。安全驰骋在我们发展的主航线上，贯穿在我们每时每刻的工作之中，代表着所有大众的福祉和期待。

我国航空界不缺乏非常优秀的安全管理人员，乐于接受知识，也愿意分享观点，希望本书能为他们带来精神上的又一次享受。我一直对于 James Reason 教授的理论心有戚戚焉，翻译此书的日日夜夜，于笔耕的辛苦中对于这个我们虽然耳熟能详的 REASON 模型理论再次产生了深深的敬意。在心为敬，尊敬源于一种内心深处的呼唤。因为译者深深地坚信：Reason 教授的理论框架非常适用于我国的航空企业，而且简明易懂，能够很快上手，希望他的理论能够获得我国安全管理人员的认可和坚守。法国作家雨果就曾说过：世界上有一种东西比所有的军队都更为强大，那就是恰逢其时的理想。

安全管理上的起起伏伏有时给人一种感叹：如天之风云般不可预测，臻于安全管理之最高境界对于我们许多人而言依然是终不可及的幻影，但在我们人力及能力所能左右的领域中，或许 REASON 理论模型在取舍之间给予我们力量，倾听内心明辨之声，面对各种不安全事件，于千头万绪之中知道轻重缓急，于万事万物之中知道哪些才是我们安全管理的重点和精要所在，藏大局观于胸，从系统观出发，从系统安全管理入手，不为一事一时所束缚，这或许才是这本书中模型框架能够真正带给我们的精髓思维。

这是一个快时代，市场动荡起伏，一切都曾相识和陌生，对于航空企业而言，我们坚守安全，这是操守的坚持，也是专业的坚持，抑或是责任的坚持。我们不消灭事故，事故就会消灭企业，斯言诚哉。

这是一个慢时代，安全绝非是臆想中的奇思妙想，绝非是灵感乍现的神话故事，而是历经的各种磨难和艰辛，迭代而来的绽放的辛勤之花。各种累累硕果都意味着等待和辛苦，正如这本书理论框架在航空业中的实际运用，也是经历了无数的艰辛和汗水，对于安全管理人员而言，其中的艰难险阻如鱼之饮水，冷暖自知。

译者需要在此强调的是：这本书最初版撰写于1995年，里面所涉及的一些机构名称及组织结构都已经发生了变化。比如，如今的澳大利亚航空调查机构简称ATSB。但是从这本书的再版情况中，我们就可以一目了然其在全球航空界受到欢迎的程度：精装本重印了3次（1997，1998，2000）；平装书重印的次数则更多（1998，2000，2001，2002，2003，2005，2006，2007，2010），有的年份还是多次重印。

感谢出版社把此书的翻译工作交给了我。感谢在我安全管理过程中以各种方式支持帮助或即将帮助我的每一个人。翻译的过程，也是一次深入学习和融会贯通的过程。这几年，译者之所以将大量的国外航空安全管理著作引进和介绍到国内，原因很简单，大道相通，大道同源。

道虽迩不行不至，事虽小不为不成。我们会继续不断尝试，创新改变，安全将是我们始终不变的坚守。我们已经走了很远，但我们一直在出发。

序言

尊敬的 Virgil P. Moshansky 法官

这本书的作者们一直聚焦于事故调查并且清晰获得了如下事故调查的本质核心问题。1989 年 3 月 10 日加拿大安大略航空公司 F-28 喷气式飞机在安大略省德莱顿坠毁，在此次调查中，我有幸担任了调查委员会（Commission of Inquiry）的主席。

我非常荣兴地受邀撰写这本书的序言，简要地触及到德莱顿调查委员会所调查的某些方面，提供了委员会成立三年期间所发生的一些幕后事件并且对此进行了深入的了解和洞察。

现在回想起来，我一开始所做出的两个偶然决定，大大促进了调查委员会所取得的任何成功。第一个偶然性的决定是我坚持将运输部部长（Minister of Transport）办公室的责任移交给调查委员会，这个责任最初是加拿大枢密院的。对于调查委员会而言，向运输部部长报告，这种做法是完全不能接受的，因为我预期调查时可能会探究交通部在其中所发挥的作用。另一个偶然性的决定也是我所坚持的：通过政府法令来明确该调查委员会的职权范围，以便于允许对于整个航空系统进行不受约束的调查，寻找导致德莱顿坠机的系统性失效情况。这两项请求都得到了加拿大政府的同意。

这保证了我们这个调查委员会得到政府最高层面财政和道义上的支持，并支持该机构完全独立于加拿大运输部（Transport Canada），并且政府这个部门很可能也要被调查，以探究其保障航空安全责任履行过程中可能发生的失效情况。在我获得任命后，需要对这种做法所受到的各种责难进行澄清，而且几乎要马上进行。我的事故调查小组早期请求披露加拿大运输部有关的文件和记录，当时该部门的高级官员和法律顾问对此不屑一顾。对于这个监管机构的最高管理层官员而言，我们只有通过证人传票这种形式，要求他们在调查委员会前出席，并提供有关的文件，最终我们所需要的运输部记录才提供给了调查委员会。

德莱顿坠机事件发生在加拿大航空安全委员会公布极具争议性的一份调查

报告之后，该机构公布了对于1985年12月15日Arrow航空公司在纽芬兰的甘德（Gander）所发生的DC-8坠机事故的调查报告。

为了应对公众对于加拿大甘德飞机坠毁事故的广泛关注，加拿大政府在1989年3月29日通过立法决定加拿大航空安全委员会（CASB）不复存在。同时在该日，按照调查方案，我主持的调查委员会（Commission of Inquiry）成立了，并且从已解散的加拿大航空安全委员会手中接管对于德莱顿失事事故的调查工作。

加拿大还在对甘德坠机事件进行各种争论以及争议期间，我被任命为调查专员（Commissioner），我意识到调查委员会不但需要在事实上完全独立，也需要被公众所理解和认可。这里面需要我们竭尽全力恢复加拿大对于航空事故调查过程的公信力。

德莱顿坠机事故的物理原因是，起飞之前航空器表面出现了冰和雪的污染，这是调查委员会在一开始进行调查时的前几天就获得的坠机原因。这本来是很简单的做法：将责任归咎于飞行员的差错，就此适可而止，这的确也是以前大约80%的航空事故调查过程中的做法。然而，我主持调查委员会是一个难得的机会，我想借此审视整个航空系统中潜在的和显性的失效，这些可能会导致机长做出错误的决定。我们有意识地决定深入开展查找此类失效，并且全面调查整个航空系统在此次事件中所出现的人为因素对坠机的各种影响。

在调查的早期阶段，监管部门的律师试图通过寻求加拿大联邦法院的命令来威胁限制我的任命，从而限制整个调查的范围。当恐吓无效时，监管部门放弃了这些做法。与此同时，加拿大运输部一些高级管理层发生了人事变动，这也促成了其与调查委员会建立起真正的合作精神。在加拿大运输部的强烈支持下，德莱顿坠机调查随后得到了监管机构的很大支持，作为实现逾期已久地清理和重组加拿大航空系统的手段。

毫无疑问，如果不是根据调查法案和调查专员所享有的广泛权力，包括传召证人宣誓作证和形成文件，那么德莱顿坠毁事故根本就不可能产生更为广泛的调查。对于所有航空事故的调查，特设的调查委员会显然不是一种符合实际的方式，但是这样一个委员会，在成立后调查一起重大的航空事故时，是最强大和最有效的工具，它可以深入审查一个国家航空系统的安全性。

就监管机构的情况而言，调查委员会的工作显示出在各级政府和官僚机构中所存在的严重政策失误、不一致的政策、政府部门失职，以及人员所造成的许多失效等问题，导致了德莱顿坠机事故的各种情况。好的一面在于，调查委员会的工作已经促使加拿大运输部内部进行了重大的结构性和政策上的变革。

在这个过程中监管机构起到了积极的作用，当调查仍在进行的过程中（最终报告和我们提出的191条建议公布之前三年），该监管机构已经采取了快速行动促成了所建议的各种变革。在高级职位上的那些无能之辈已被高度符合资质要求和勤奋贡献的人员所取代，包括来自航空业、专业飞行员和监管机构的代表，他们相互配合，积极努力，实施此次调查委员会所提出的各项建议。

就当事承运人而言，他们通过其律师多次尝试限制我们调查的范围，一次又一次地向加拿大联邦法院提出这一问题进行威胁。在最后撰写调查报告的过程中，加拿大联邦法院作出行动，阻止我在最终报告中提及任何人的名字，这些人员的人为失效或失误（缺陷）可能以任何方式导致德莱顿发生的悲剧事件。这个要求被我们拒绝了，但这次行动增加了调查委员会存在的时间，又多延续了几个月，并且促成我本人和工作人员无数个小时的额外工作，以及大量的费用开支。最后，那些有牵连人员的名字都出现在了最终的调查报告中。

在生活中的各个方面我们都会找到变革的阻力，这是司空见惯的。这个自明之理当然表现在德莱顿坠机事故的调查期间。最初监管机构抵制变革，当事承运人在此期间不断抵制各种变革。直到最后一刻，当事承运人的总裁和首席执行官都拒绝承认，德莱顿事件是可以预防的事故。但是在调查期间，所有参与作证的国际航空专家们一致表示，所有的地面结冰事故都是可以预防的。

调查委员会的官员，在最初普遍不愿遵循我所相信的调查委员会的两个最重要的领域之一：彻底地调查航空器地面除防冰、程序和各种除防冰液体，对此我决定以航空安全利益的名义进行调查。我曾接到过建议，不要对这个主题继续“追捕”。有人说这超出了我的职权范围。许多人表示倾向于不参与如下观点上的意见分歧——这存在于北美、欧洲承运人和监管机构之间对飞机地面结冰和使用Ⅱ型防冰液意见上的差异。然而，当做出着手进行全面调查这个主题的决定时，调查委员会的所有官员都充满热情地来迎接这个挑战。令人高兴的是我们注意到飞机地面除冰和防冰方法以及程序，都发生了深刻的变化，这也是这次调查以及所提出建议的结果。

在航空系统内存在大量的人为因素，被证实对于德莱顿坠机事件产生各种影响，“人为因素”也是德莱顿调查委员会另一个最重要的研究对象。对于这个深入研究的主题自然形成了这本书的起源。

我赞赏本书的作者们，他们所进行的这项研究工作具有重要的意义和价值。我曾有幸在他们起草本书的阶段就阅读了其中的章节，我相信这本书将为他们赢得全球航空界的钦佩和尊重。

前言

这是一本关于人为因素的书，但同时这又不是。它讨论了威胁航空安全的情况，以及当务之急所关注的航空人为因素：人为差错。因此，按照宽松的标准，本书也可以纳入近几年关于航空人为因素主题所产生的丰富文献之中。然而，这本书和“传统”人为因素所青睐的人的差错观相比，我们从不同的角度论述了人为差错。这样的观点，实质上由临床诊断学和行为心理学所促成，并在一定程度通过工程科学所引发，通过着眼于个体人类操作者——主要是飞行员、管制员或机务维修人员等，解决人为差错的问题。我们寻求个人人为差错的机理，用以理解人为差错，以便于制定和设计措施，尽量减少这类差错出现的可能性。差错中一些破坏性后果将不可避免地渗透到甚至是最好最佳的防御层，我们通过寻找这些破坏性后果，试图最小化后果所造成的破坏性。在现实生活的术语中，这些观点所产生的一个结果是：相当单纯的飞行员、管制员和机务维修人员一直是为航空安全负责任的唯一职业。

这本书提出了对上述看法的一种替代观点：从组织的角度采取人为差错的主动预防性管理。作者认为个人人为差错的机制现在得以充分地理解，并且应对其已知损害性后果的防御措施设置到位。因此，当考虑到航空安全性和有效性，如果通过进一步寻求针对个人本位导向的行动途径，只能产生很少的效果。即使在最好的情况下，其获得的益处也不会与我们投入的资源相称。作者深信航空业正处在发生重大变化的山脚下，我们正在采取办法以实现系统安全，这种办法必须是主动的，而不是被动的观点立场。此外，这些方法必须基于非常明显的概念之上——人为差错不会发生在真空中，而是从组织的范围内开始，是组织抵御或促成了人为差错。

这本书的中心论点简单而直接：无论设备如何精心设计，不管规章制度如何合理，无论人们多么擅长他们个人或小团队的表现，他们永远不能超越限定他们的系统。现在是时候开始以集体共同性的方式，而不是以个别性的方式来思考航空安全领域。因此，我们通过倡导组织性系统性的方法，用以减少人为差错，这本书采取了几个步骤来超越航空人为因素。

这本书的意图是作为学术知识和航空具体实践之间的桥梁。学术界二十多年来，一直研究高科技系统中关于安全的系统性方法，其中一个极佳的例子就是对于航空安全的研究。不过，这项研究才刚刚开始应用于具体实践，我们还要走很长的路才能实现有效的知识转移，至少在航空安全领域是如此。我们不再采用零敲碎打的方法，这一直困扰在过去的安全努力之中，如今这种采取主动性、系统性和组织性的方法，其重要性是不言而喻的。实施这种变化之前，我们必须要解释为什么这种变化是必要的，这可以通过开展各种教育培训活动来实现。国际民航组织（ICAO）正在领导这场具有针对性的培训教育活动。这本书是这场培训的另一个理论构建基块。鉴于读者的经验和资历，我们尽一切努力以明确和简单的方式推进学术知识的传播。通过诉诸各类案例研究，把知识的相关性和运行环境的知识变得清清楚楚——从根本上讲是事故预防，从程度较轻的层面上讲是事故调查。

这本书的核心是由 James Reason 教授率先提出的高科技系统中主动性安全分析的组织框架。这种框架将会在现在和不久的将来发挥持久的作用。航空业内，这个分析框架已经被许多机构所采用，包括国际民航组织、国际航空运输协会（IATA）、空中交通管制员国际联合会（IFATCA）、美国国家运输安全委员会（NTSB）、澳大利亚航空安全调查局（BASI）、加拿大运输安全委员会（TSB）和英国航空公司等。我们希望，今后更多的机构采用这个分析框架。

在航空行业近百年的历史中，不同时期支持不同的模型方法来控制和避免人为差错。这其中包括各种措施战略，从一个极端的规劝人员遵循职业行为，到另一极端的试图通过大型自动化和技术控制从而取代人类的操作，以及在这两个极端之间的许多不同举措的组合。此外，在每个阶段，拥护支持者对于其所偏好的方法都誉为是针对航空人为差错的最终解决方案。但是人为因素本身不能幸免于这种误导性的简化方式，大约二十年前有一次就已经被宣布这是在航空安全中最后的疆域（last frontier）。显然，它不是。

我们不是要挑战人为因素的重要性，也不是要挑战航空行业相对于其他运输模式或生产行业，安全努力所取得的无与伦比的成功事实。然而，那些提倡针对人为差错提出最后解决办法的人——实际上，还在争论过程中他们就已经发现了一个最终解决方案——他们实际上忽略了还在慢慢燃烧的废墟中一长串令人痛苦的证据。这样一个最终解决方案是根本不存在的。在航空行业追求安全性和有效性是永无止境的目标，没有时间允许我们在过去的成就上躺着继续休息。这需要对于特定的缺陷有特定的解决方案，这些特定的缺陷在随着时间推移而呈现出实质上不同的症状和情况。这本书所提出的方法和解决方案对此也没有例外。它们绝对不是最后的疆域。但其已经明智地结合现有经过证明且具有价值的策略，按照作者的看法，呈现出对民用航空安全进步和有效性具有推动作用的当代方法，除非随着时间的推移今后再出现其他的方法。

CONTENTS

目　录

第一章　扩展事故原因的寻找：理论框架

引　言

本书是关于事故分析范围的延伸，关注点从个人变更到组织，从一线人员变更到航空运输系统作为一个整体的高管层。在航空领域中，以及在其他复杂的技术行业中，我们正处于组织事故的时代（Reason，1990）。那就是，事故是预先存在的以及往往是长期潜伏的失效，这些产生于组织和管理部门，在结合了当地当时的触发条件——驾驶舱中、航空交通管制中心、维修设施中——穿透或绕过航空系统的多个防御层。

每个时代都有曙光。在海运世界中，法官Sheen对于自由企业先驱号（Herald of Free Enterprise）轮船倾覆的原因判断代表了一个时代的标记。在确认船长、大副以及水手长在舷侧出现（显性）差错后，他写道：

> 但是对于这场灾难的充分调查必将导致铁面无私的结论——潜在或基本的过错在于公司更高的管理层面……从上到下，该法人团体已经感染上了“马虎草率”的疾病（Sheen，1987）。

在航空领域，我们非常感激加拿大Moshansky调查专员对于加拿大安大略德莱顿飞机坠毁事故的调查，也许这是有史以来最详尽的一次飞机事故调查。从表面上看，事故是由于机长做了存在缺陷的起飞决定，在大雪袭来后没有实施除冰，飞机不受地面污染的除冰保护。但Moshansky专员更宽泛地解释他所信任的观点。他这样撰写调查结果：

> 1989年3月10日加拿大德莱顿的坠机事故，不是由于一个原因所导

致的结果，而是由于几个相关因素结合所导致的。如果该系统能够有效地运作，那么每个因素在发生坠机之前可能已经被识别出来并得以纠正。我们将会显示，这起事故是航空运输系统失效的结果（Moshansky，1992）。

本章的主要目的是阐述一个理论框架，旨在提供一个原则性的基础，从而理解组织事故的原因，以及用于创建尽量减少其发生的实际补救工具包。这一理论框架跟踪事故发生的顺序序列，从组织和管理的决定，到不同工作场所（飞行驾驶舱、机库等）的条件，然后从那里涉及导致差错和违规的个人和情境因素等。它会识别出导致事件显性和潜伏（隐性）的失效途径，这里事件被定义为违反，缺少或绕过系统部分或全部的各项防御层和保障层。类似于这种事件可能会带来灾难性的后果，或可能只是作为“免费的教训”。结果取决于当地当时的各项情况，以及深度防御层有多少被突破了。

追求航空安全，就像其他行业一样，存在过多的流行时尚。我们这个组织性方法是否只是另一个风行一时但会很快消失的时尚？或这个方法是否能够提供具有实质性的内容？要回答这个问题，我们必须关注在个人与集体（即管理和组织性）对于事故的促成因素这些纠结问题上的各类细节。

个体性与集体性的差错？

这一问题具有许多相关的维度。第一个是道德问题，有关于指责、责任和法律义务等；第二个是科学性的问题，考虑事故序列中前因后果的性质；第三个是完全可行性的问题，有关于从个人还是集体性的角度来看待，从而采取更有效的对策。

道德维度

从道德或法律的角度来看，事故因果关系调查中针对个人，而不是集体性的方式，这会从中“获益”很多。下面列出其中的各种原因：

· 在事故发生时那些直接控制飞机或船只的人员所犯下的差错和违规，如果直接将事故的法律责任定位于这些人身上，这将更容易实现。这些个体行为和造成灾难性后果之间的联系，相比任何先前的管理层决定与事故之间的可能联系，更容易得以证明。这在自由企业先驱号轮船倾覆事故中清楚地得以表明，Sheen 法官主导的调查委员会就没能成功地起诉公司的管理层。

- 让人感到雪上加霜的是，专业人士，如飞机机长和船长接受这一责任的意愿。他们被赋予实质性权力、权威、声望等，作为回报，我们期望他们（和被期望）当事情出错的时候“代人受过受责备”。责任和指责传统上止步于他们这里。
- 大多数人对于个人自主权或自由意志赋予很重要的意义。我们也把这归罪于别人，所以，当我们获知有人已犯下了一个差错并造成了严重后果时，我们会假设这个人实际上选择了容易出错的而不是“明智”的行动。换句话说，我们倾向于感知别人的各项差错具有故意的元素，特别是当他们的训练和状态显示出“他们本应该知道得更好”时。这种自发行动带来了各项责备和指责声，认为需要接受各种惩罚。
- 我们对于人类行为的判断受限于相似性偏见的影响。我们倾向于假设灾难性后果是由同样可怕的错误所引起的。当然，在现实中，灾难的程度是由各项情境因素而不是差错的程度所决定的。许多糟糕的事故是从系统不同部分（例如，西班牙特内里费岛跑道飞机相撞灾难）相对较小的各类失效串联而引发的。
- 最后，不能否认的是：严重出错时归咎于某人（而不是某事），可以获得大量情感上的满足。如果能够方便找到一些替罪羊，我们很少有人能够抵御发泄我们心灵怒气所带来的欢愉。当然，就组织而言，能够将个人犯错从企业责任中分离出去，这里面就存在相当大的财务优势。

科学性的维度

在识别出人和（或）组件各项失效直接导致事故（如已经在许多事故调查中就是如此）后，我们是否应该停止寻找原因？或是从科学层面是否更适合追踪回到它们的组织根源？从表面上看，答案似乎显而易见。是的，它似乎更好地试图（更能准确描述事件的真实状态）找到对此次事故负责的所有的系统性因素。但问题并不是那么简单。让我们研究如下问题：

- 为什么我们要停止寻找组织性的各项根源？在一个确定性的世界中，一切事情都有事先的原因。因此在理论上，我们可以追溯到宇宙大爆炸。从这个更广泛的历史角度看，分析停止规则截止到组织根源，这是随心所欲的做法——按照严格的科学术语——是作为导致事件发生的一个位于最近端（离事件最近）的个人失效。

· 这一团糟的局面还有一条出路，它是比科学更实用的。在寻求造成事故的原因过程中，我们应该远远超越只是去查明因果因素，如果组织性的各项根源得以纠正，那么会提高系统对随后各种挑战的抵御能力。最关心和最有能力做到这一点的人员是那些组织内涉及参与的人员，因此调查分析直到停止在这些组织的边界，才具有实践意义。然而，这种边界界限往往是影影绰绰不清楚的，特别是在航空行业那里涉及大量有相互关联的子系统。

· 然而，也许最严肃的科学问题是，必须应对事故的特殊性质，和改变我们对于以前事件感知的看法。现在回想起来，事故似乎是许多因果链汇聚点上正好发生的。回头俯视这些因果关系链，我们的看法被某些特定的知识（导致坏的结果）所蒙蔽。因此，这些因素出现了危险的意义。如果我们及时冻结任何系统，没有发生事故，我们就会看到非常相似的各项缺陷、潜伏失效和技术问题等。没有系统是完美的。赋予各种系统性弱点相同的因果意义，这样做的唯一目的是：在许多深入调查的事件中，这些系统性弱点是涉及事故发生序列之中的。如果区别这些潜伏因素的所有一切是随后发生的一个坏的结果，我们是否会不把注意力限制在那些最近端的事件，这些事件将这种普遍常见的缺点转化为事故序列？换句话说，我们是否会不随着法律和道德的趋势，只是专注于那些个人对于系统的完整性有直接影响的失效？毕竟，没有人否认一线操作者的确犯下了差错和违反了程序。

补救的维度

在法律方面，有很多有利于个人主义的方法。对此科学上的问题仍未解决。所以我们站在哪里，才能解决预防事故的实际问题？答案在这里最重要的是取决于两个因素。首先，在事故发生之前，无论潜伏的组织和管理因素是否可以识别出并得以纠正；其次，这些干预措施在某种程度上如何提高改进系统对于当地事故产生因素的天然抵抗力。

本章的主要目的之一是说服读者，针对以上两个问题，采用一种集体性的方法是极为有用的。然而，这样的说服必须基于各项论据，而不是确凿的证据，因为这种集体性的措施尚未有足够长的时间，足以证明在安全领域中行之有效的益处。

理论框架的引入

对于人为因素文献（Hollnagel，1993）的最近一项调查揭示：危险性技术故障中涉及的人为差错在 20 世纪 60 年代和 90 年代之间增加了 4 倍，数量从最少的 20% 左右到最大超过 80%。在此期间也很明显，这些致因差错不是限制在一线操作者的范围之内，一线操作者包括司机、飞行员、船长、控制室操作员和直接控制特定的系统其他人。我们不能只考虑那些人所产生的失效，视其为事故的最近端直接原因。根据近年来重大的事故调查（如三哩岛核事故、挑战者号失事、伦敦国王十字车站大火、自由企业先驱号倾覆、英国帕玻尔阿尔法平台爆炸、火车在英国伦敦克拉珀姆交会站相撞、埃克森·瓦尔迪兹号石油泄漏事故、东米德兰机场事故、德莱顿坠机等事故）表明重大事故中人的原因分布非常广泛，既有组织内作为一个整体的原因，也有通常在实际事件发生前几年就潜伏的因素。

我们面临对于这类“组织事故”原因分析的挑战，需要开发一个理论框架，可以对特定的事件有意义地回顾性应用，例如，德莱顿坠机事故，以及主动运用到复杂、防守严密的全部社会技术系统之中。这种模型必须要有意义：在具体特定的和一般的情况下，过去发生的事故，以及未来所发生的事故。

更重要的是，该理论模型要有公信力，它必须促成改进治理和预防事故的发生。不同于自然科学的理论，那些是由自然科学促成的大量实验兴趣进行判断，在安全科学领域中的理论只可以由它们实用性这个更为严苛标准来产生对于模型适用性的评估。这种理论的应用能让技术系统充分抵御它们面对的自然危害吗？模型可以导致改进组织的“安全健康”吗？

形成组织事故成因的通用框架是一项艰巨的任务。上面所列的事故（以及许多其他类似的灾难）涉及广泛不同的技术和各种各样有关因果的高度具体细节。

初始基石：第一步

前行的唯一途径是要问：所有这些复杂、防御良好的技术系统有什么共同点吗？本章剩余部分将条分缕析地提供对于这个问题可能的答案。在理论框架建设过程中的第一步如图 1.1 所示。

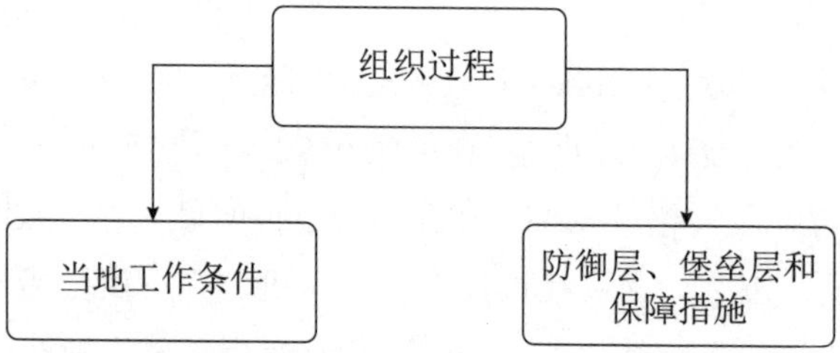

图 1.1　所有复杂、防御良好的技术系统中所共同的要素

在危险条件下运作的所有复杂技术需要具备以下要素：组织流程和其相关的文化、各种不同的工作场所涉及各种当地的条件和防御层、堡垒层和保障措施等，旨在保护人、财产和环境免受当地当时危害的不利影响。这些要素中每一个都在下文中进一步进行研究。

组织过程

虽然所有组织都存在于更广泛的经济、政治和立法设置之内，有意义的是基本理论要素限制在这些因素中——可以合理地预计任何一个组织都在行使某种程度上的直接控制。

限制寻找组织流程中根源的另一个原因的观点，是由 Vaughan（1990）提供的，这是在她对于挑战者号灾难事故中监管失效所做出的分析，她认为：

> 所有组织均在不同程度上，存在自我边界的社区。物理结构，通过保护隐私的规范和法律得以加强，将它们和在环境中的其他组织隔离开。彼此交易的性质进一步将组织和外人隔离开，通过复杂和困难的监控方式，只释放有选择的信息。因此，虽然组织与他人进行交流，它们还是保留了自治的元素，这掩盖和掩饰了组织的行为（Vaughan，1990）。

组织文化是一个广泛使用，但有各种不同定义的术语。根据本书的目的，下面的定义将有助于支持我们目前使用的术语：

> 一个组织的文化可以定义为：一套很少清楚表达，很大程度上有关于组织本身形成的，一般人们特质和环境的无意识的信念、价值观、规范和基本假设。实际上，文化是一套在组织内外“不成文的规则（unwritten rules）”支配的“可接受的行为”（Mitroff et al，1989）。

> 共享的价值观（什么是重要的）和信仰（事情如何做），在组织结构和控制系统中交互，以产生行为规范（我们在这里做事的方法）（Uttal，1983）。

文化，包括那些态度和信仰，既来自公司，又塑造了公司进行其核心运行流程的方式。这些过程——所有这些都促成决策，往往在最高级别的决策——包括表 1.1 中所列出的活动。

表 1.1　所有技术组织一些主要过程共同的标志

目标设定	沟通
政策制定	设计/具体化
组织	采购
预测	支持
规划	研发
排班	市场营销
管理运行	出售
管理维护	信息处理
管理项目	激励
管理安全	监控
管理变革	检查
财务	审计
预算	监督
分配资源	控制

文化因素需要很长时间来形成，变化又是非常缓慢的。它们的影响是广泛

和普遍的。文化的影响在整个组织内以各种方式遍布，着色于员工队伍的态度和行为。

高层决策受到外部经济和政治因素的影响。然而，为了本书分析的目的，它们代表各种失效通路的共同始发点。它们是根本原因，以及是基本性的因果类型，随后在事故发展过程中作为特定的象征（Wagenaar et al，1990）。

战略决策将为系统的某些部分带来一些消极的安全后果，这被当作不证自明的理念。这并不是说，所有这些决定都是有缺陷的，虽然其中有些会存在。但是即使做出的决定当时按照合理的标准判断是好的决策，也会存在一个潜在的缺点，特别是当它们导致不平等的资源分配，或当它们涉及关于不确定未来的假设。

应该强调的是，这不是将指责归咎于从飞行人员、空中交通管制员等转移到董事会会议室的问题。相反，我们承认，不管我们如何努力，也不能希望消除战略决策所造成的一切不良后果。重要的事情不是把防止那么多常驻病原体的大量产生放在第一位，而是使其不利后果让那些管理层面和运作系统的人员可以见到。

除其他事项外，组织战略顶层负责（a）设计、装备和管理工作所进行的各种场所，和（b）提供可预见组织危害的深入防御层。下面会阐述其中的每个要素。

当地的工作条件

当地的工作条件是影响人在特定工作环境中表现可靠性与效率的因素。后者可能是在飞行驾驶舱中、空中交通控制中心、从事航线运行修理或机务大修的机库，比如波音公司在西雅图的飞机装配厂——事实上，是任何地方，在那里员工和他们的上司团队从事航空业的核心业务，通常（但并非总是）运行接近于当地当时的危险。

理论非常明确，高层决定的负面后果（如预算不足、缺乏规划、人员不足、商业及运作时间压力等）沿着不同的部门和组织途径传播到各个工作场所。在那里，它们创建促成实施不安全行为的当地条件。操作人员将实施许多这类不安全的行为，但只有极少数的行为会穿透防御层，造成破坏性的结果。

为检验当地工作条件如何促成不安全行为（差错和违规），为了方便起见，我们把它们划分为两个相互作用的集群：有关任务和其周围环境的因素，以及那些和心理、生理状态有关的因素。这些与任务、个人相关的因素每个可以进一步细分为三组类别：差错因素、违规因素、差错和违规共同的因素。

这种分类如图 1.2 所示，下面表 1.2 和表 1.3 中列出了一些主要因素。表 1.2 和表 1.3 中的因素列表并非详尽无遗，但确实表明主要的各项情境影响到差错和违规的产生。

本理论认为，所有组织失效能够创造差错和违规所产生的必要的当地条件。只有当我们向下移动因果序列，从组织流程到当地的工作条件和防御层后，这些刺激性的因素才会变得更容易辨别区分，甚至还有大量的对于差错和违规是共同的情景和个人因素。

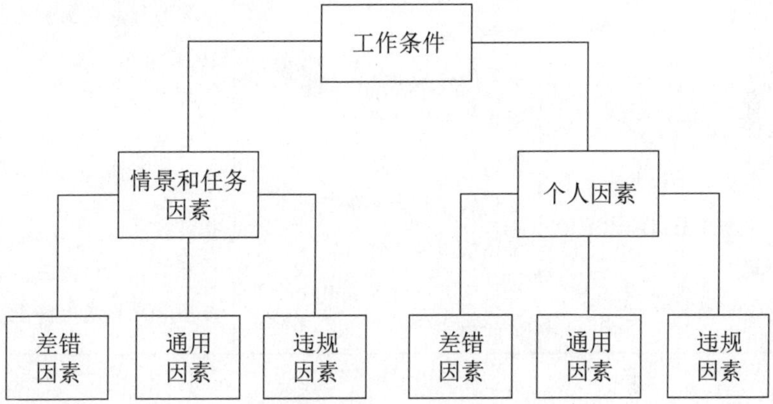

图 1.2　当地工作条件的分解

防御层、堡垒层和保障措施

旨在消除、减轻或保护组织免于运行危害的各种措施，现在已经消耗了组织（从事有潜在危险的活动）资源很大的一部分。因此，如此广泛和多样的防御措施，在防御层和系统的非防御层部分之间，是很难作出明确区分的。

从表面上看，高科技加工厂（比如核电和化学工厂）两个最重要的生产要素是自动化的控制系统以及人作为操作者。然而，两者都执行基本的防御功能。自动化是通过接管以前留给多变的和容易犯错的人类操作员的职能，从而提高工厂的效率和安全性。人作为操作者，在那里是将工厂在事故发生情形下（超越了智能技术的设计基础），重新恢复到安全的状态。现代商业飞机（例如，B747-400 和空中客车 A340）上的驾驶舱——很大程度上——同样也是一样的理念。

表 1.2 情景和任务因素

差错因素	通用因素	违规因素
惯例的改变 负面转移 糟糕的信号—噪声比 糟糕的人—系统界面 糟糕的系统反馈 设计者—使用者不匹配 教育不匹配 敌对的环境 家庭问题 糟糕的沟通 糟糕的手头工作和书面指令组合（比如太多依赖于头脑中的知识） 糟糕的倒班模式和超时工作	时间缺乏 不足的工具和设备 糟糕的程序和指令（含混不清或不适用） 糟糕的任务分配 不足的培训 危险源没有被识别出 人手不足 不足的交叉 糟糕的工作通道 糟糕的总务管理 糟糕的监督者—员工比率 糟糕的工作条件 不足的有经验和没有经验员工的组合	违规得以宽恕 法规遵从性没有得到奖励 程序保护系统而不是人 很少或没有自主权 大男子气概的文化 感知的允许破坏规则 不利的行业氛围（他们和我们） 低收入 低地位 不公平的制裁 指责文化 糟糕的监督样例 任务容易形成走捷径

虽然当前计算机技术是非常聪明的，但仍不能独立自主地像人类一样思考。所以这就留给了容易犯错的人，在不甚理想的条件下应付没有预期到的紧急情况，一些情况下他们可以比计算机做得更佳，但并不总是如此（见 Reason，1990）。在某些情况下，管制员的确会提出赋予某人灵感的解决方案（比如，联合航空 232 号航班事故是 1989 年 7 月 19 日由于机件失灵在美国爱阿华州苏城发生的事故，由于事故发生在苏城，所以又名苏城空难；Davies-Besse 核电站事故等案例），但在其他情况下，他们可以加剧本已很危险的状况（比如，三哩岛核事故、切尔诺贝利、Ginna 核电站事故等）。让这种令人讽刺的情况更进一步复杂化的是，常常出现这样的情况，由于面临工程和程序性防御层不足，人作为操作者在不是很成功的事件中受到了各种妨碍和束缚（Perrow，1984；Roberts 和 Gargano，1990）。

防御层、堡垒层和保障措施都可以分为两个相对独立的维度：（a）所服务的功能和（b）组织内的应用模式。

功　能

- 建立对于风险和危害的认识和了解。
- 检测并发出警告非正常的状态或迫在眉睫危险的存在。
- 保护人、环境免受伤害和损害。
- 从非正常条件恢复，将系统恢复到安全的状态。
- 抑制有害能量或物质非正常释放。
- 使潜在的受害者逃离出不受控制的危害之中。

表 1.3　个人因素

差错因素	通用因素	违规因素
注意力捕获	能力不足	年龄和性别
全神贯注	技能不足	高风险目标
分心	技能超越了危险	行为的信念（收益大于风险）
记忆失效	不熟悉任务	主观性的规范
编码干预	和年龄相关的因素	宽恕违规
储存丢失	糟糕的判断	感知的行为控制
检索失效	控制错觉	个性
前瞻性记忆	最小努力（认知经济）	不遵从
强烈运动神经项目	过度自信	不稳定的外向的人
频率偏见	表现焦虑	低士气
相似性偏见	（最后期限的压力）	坏情绪
知觉的整体性	激励状态	工作不满意
错误的情感	单调乏味和无聊	对于系统的态度
错误的感知	情感状态	管理层
确认性偏见		监督者
情景无意识		纪律
不完整的知识		错误感知危险源
不准确的知识		缺乏自尊
推论和推理		习得性无助
压力和疲劳		
被扰乱的睡眠模式		
差错的倾向性		

运用的模式

- 工程安全装置（飞行管理系统、地形警告、自动检测和关机等）。
- 政策、标准和控制（行政和管理措施旨在促进工作实践的标准化和安全）。
- 程序、指令和监督管理（旨在提供本地任务相关的专有技术的措施）。
- 培训、简报、练习（技术技能、安全意识和安全知识的提供和整合）。
- 个人防护装备（从安全靴到太空服的任何东西）。

对于一切不测事件有一套完善的防御层，这是根本不可能的。许多缺陷将是组织决策过程的直接后果。这种缺陷不完美，包括缺乏必要的防御层，以及在现有的防护层中存在弱点或漏洞等。它们在一起构成了系统潜伏失效的主要部分。

显性失效和潜伏失效：下一步

当人们参与一个复杂的系统时，会有失效出现。这些可能发生在任何工作场所以及相关的所有防御层。图 1.3 描述了理论建设过程的下一步。它显示了发生在不同的工作场所中的显性失效。另外，潜伏的失效，主要是与防御层所存在的弱点或缺乏防御层相关联。

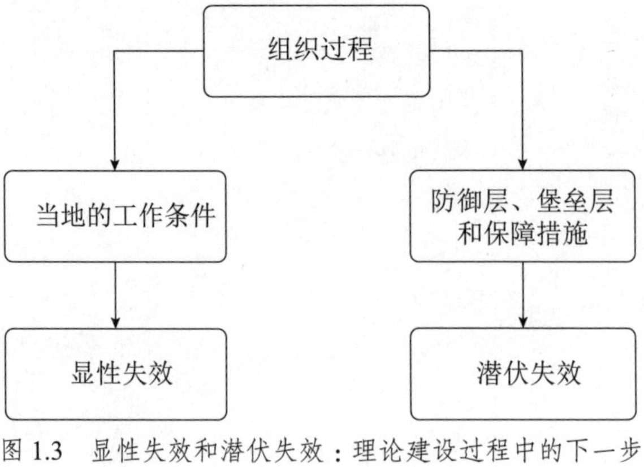

图 1.3　显性失效和潜伏失效：理论建设过程中的下一步

显性失效和潜伏失效用两种方式进行区分。第一种区分方式是时间的长度，因为这些失效需要实践来揭示其对系统完整性的不利影响。显性失效有直接和即刻的影响，而潜伏失效可能潜伏很长时间，有时很多年之后才会结合显性失效和当地当时的触发事件，从而穿透系统的各种防御层。第二种区分方式显然取决于第一种方式，涉及谁建立了这些失效。显性失效是那些与系统直接接触的人所做出的：飞行员、空中交通管制员、机务维修人员等。然而，潜伏的失效来自于管理层和组织领域所作的决定决策。这些都是在时间和空间上，将人们从眼前的人—系统界面分离开。

人的显性失效是差错或违规，是由那些系统的一线人员所犯下的。通常，这些显性失效的后果由系统防御层或肇事者自己所捕获，没有产生不良的影响。在某些情况下，它们可能发生并穿透防御层，造成一起事故。当然，如果系统缺失防御层，缺失得越多，显性失效越有可能立即造成坏的结果。在其他情况下，显性失效可能自己产生防御层中的瞬间漏洞，比如德莱顿飞行机组人员选择在起飞前不除冰。

潜伏失效是在系统防御层、堡垒层和保障层上的漏洞，其潜伏一段时间，随后才出现事故序列的开始，虽然通常没有任何明显的不良后果。然而，在一些场合中，这些弱点漏洞可能结合显性失效或当地触发器（或经常是同时）从而创建事故机会的轨迹（有时只是一时的），通过部分或全部系统的各种保御层。这些在各种纵深防御层暂时连成线的漏洞，就构成了一个事件。

一旦一个防御层或堡垒层失效，大多数潜伏失效会被发现。然而，这并不意味着它必须要等到事故完全发生之后，这些失效才可以明显地呈现出来。正常运行的业务会幸运地提供给我们相当大数量的“免费经验教训”，各种防御层或堡垒层被证明是不足的，只是没有产生不良后果。

而只有当回顾时才会揭示许多潜伏的失效，我们才会主动评估系统中形成潜伏失效的可能性。在系统中潜伏失效的数目将是组织整体安全健康的函数。安全健康可以定期进行评估组织活动数量有限的关键参数，从而从评估中得到有关此组织健康状态的推断。这将在随后进行讨论。

显性失效和潜伏失效是不同的，这是对其进行分类的必要基础。尽管显性失效分类是根据它们心理的起源，潜伏失效必须以系统性的术语进行描述。对于这两个分类解释如下：

显性失效的分类

若要对人的失效进行一个可行的分类，首先要区分人们执行其行动的不同层面。这里有三个层次：基于技能的、基于规则的和基于知识的。

人类的行为是由个人（或心理）和情境因素所塑造的。因此，我们沿两个维度可以区分三种表现水平，一个是控制我们行动的方式，另一个是有关发生的情况是常规的还是有问题不确定的。

下面有两个维度：意识—自动，以及常规—有问题不确定，这些定义了“活动空间”，在其中我们可以映射出三个表现级别：基于技能的、基于规则和基于知识的，如图 1.4 所示。

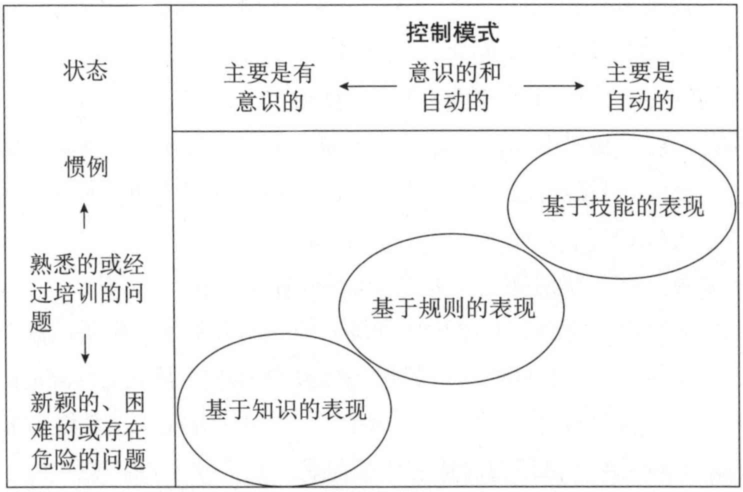

图 1.4　在活动空间中定位表现级别

- 在基于技能的层面，我们进行了例行的、高度熟练的任务，很大程度上是以自动不假思索的方式，除了偶尔有意识检查进展情况。
- 当我们注意到需要修改我们很大程度上预先编好程序的行为时，我们切换到基于规则的层面。我们必须考虑到情况的一些变化。这个问题往往是，我们之前遇到过，有一些预先准备好的解决方案（比如一个经过培训或经验开发的方案）。它被称为基于规则的层面，因为我们应用脑中所存储的规则种类：如果（这种情况）然后做（这些行动）。在应用这些存储的解决方案时，我们很大程度上的运作是由无意识的模式匹配的：我们会自动将问题的迹象和症状匹配存储在脑中作为一些解决方案。然后我们会用有意识的思维来检查此解决方案是否适当。
- 基于知识的层面是我们很不情愿参考的东西。只有当我们使用已知的方法一再未能找到解决办法时，我们会当场求助于缓慢、刻苦、高度容易出错的思维方式。鉴于时间以及通过试验和差错学习来探索情况的自由度，我们可以经常获得良好的解决方案。但人们在紧急情况下通常不会做出最佳的决定，虽然也会有一些例外。很多时候，我们对于问题情境的知识是不完整、不准确的，或两者都有。意识在其掌握的信息上是非常有限的，通常一次不超过两个或三个不同的事务。它还像一个漏斗，会忘记事情，当我们把注意力从问题的一个方面转向另一个方面时。此外，我们可以通过害怕以及恐惧（像其他强烈的情绪）会找到方法来替换合理的行动，使用类似于膝跳反射或过度反应的方式。

三个表现级别为分类差错和程序性违规提供了原则性的基础。但是在演示证明这种分类之前，值得概述的是差错和违规之间的主要差别。

差错可以定义为未能实现计划采取的行动，从而实现其预期的结果。此失效可能出现以下两种情况。该计划是足够的，但行动偏离计划（疏忽、失误、笨拙的处理等）；或采取的行动可能符合这一计划，但计划对于实现其预期的目的是不适当的（错误）。因此第一类差错是执行的失效，第二类是在形成意图或计划层面上的失效。

违规行为是偏离安全操作做法、程序、标准或规则等。这种偏差可以是蓄意的，或是不正确的（比如，超速，没有意识到自己的速度或限制）。然而，我们最感兴趣的是故意违规，行动（但不一定造成任何恶劣后果）是有意的。

违规行为在许多重要方面不同于差错：

- 差错是无意的，违规是故意的。程序产生偏差是有意的，虽然偶尔不会产生不良的后果。
- 差错主要来自信息的问题（比如，遗忘、注意力不集中、知识不完全等），违规主要与激励问题相关联（比如，士气低落、糟糕的以身作则、感知缺乏关注、无法奖励遵从性和制裁非遵从性等）。
- 差错可以通过所谓的个人思维的过程进行解释，但违规是在受监管的社会背景下发生的。
- 通过提高在工作场所内必要的信息质量和提供方式，减小差错。违规需要激励性和组织性的补救措施。

根据差错和违规发生时的表现水平，它们可以分为三种不同的类型。这些差错和违规的类别如表 1.4 所示。

表 1.4　有关表现层面的差错和违规类型

表现水平	差错类型	违规类型
基于技能的	疏忽和失误	惯常违规
基于规则的	基于规则的错误	情景违规
基于知识的	基于知识的错误	例外违规

基于技能的疏忽和失误：这些都是行动没有按照计划，在执行经过反复练习和熟悉的任务过程中发生的，我们的动作在很大程度上是自动不假思索的，只是间歇性地通过有意识的关注来检查进展。疏忽和失误与不同种类的执行失效相关联。

- **注意力疏忽**是我们没有监测到我们常规行动在一些关键选择点上的进展，经常跟随的是我们的意图或周围环境的改变。结果就是在那些情况下我们做的是经常性或习惯性的，而不是有意图地去做。换句话说，我们会犯“强但错（strong-but-wrong）”的差错。
- **记忆力失误**是我们在行动计划中遗漏了一些项目，或忘记我们早些时候有意图想做的事情。某一种记忆力失误造成最常见的心不在焉的差错，并且具有相当重大的意义，比如，在飞机维修过程中、在组装期间的遗漏就代表了显性失效所发生的最大类别（见 Reason，1994）。
- **感知差错**是我们错误地识别一些对象或情况。在这里，期望和习惯可以发挥很大的作用。例如，很多火车事故，是由于司机已经（根据过去的经验）期望在轨道上看到一个绿色的信号，而实际上是红色的信号灯。在航空领域，误读老式的 3 指针高度表——所谓杀手高度表——涉及许多严重的坠机事故（Reason 和 Mycielska，1982）。这一类也包括各种形式的定向障碍迷航（disorientation）的出现，是因为我们基于陆地的位置和运动感官发出虚假的信号，由于 3 个维度飞行中遇到不寻常的力的环境。

疏忽和失误是我们对于能够自动化我们行为和感知所支付的惩罚。通常情况下，它们产生微不足道的后果，比如，我们穿着袜子进入浴缸，或对着自动售票机说“谢谢你”，或尝试用自己家的钥匙去打开朋友家的门。但同样的差错根据发生的情况，可以造成明显不同的后果。在厨房里，打开水壶开关而不是咖啡机只会令人尴尬而已。在飞行驾驶舱中，开错了开关或错关了引擎将导致灾难性的事件发生。基本差错是相同的，但在这些类似疏忽和失误的程度上差别很大，而且疏忽和失误都可能被原谅。

基于规则的错误（RB）：基于规则的错误涉及应用预先准备好但不恰当的解决方案，人们以前遇到很多次的问题或他们已经受过训练来处理此类问题。这里的问题在于需要一些改变当前的常规行为。

基于规则的错误分为两大类：错误地应用一般好的规则和运用了坏的规则。下面详述。

- **错误地应用好的规则**。在这里，一条好规则是已经证明在特定的情况下能够发挥作用的。这些解决问题的有用规则成为个人专门知识既定的一部分。然而，情况出现后，规则被错误地应用了。这通常发生在如下情况，这种情况分享常见问题情境的许多共同特征，但忽视了其中的“禁忌”。日常生活的例子就是为了避免行人窜出来而实施刹车，但忽视了一个事实，路面是结冰的。在这里，我们有应用“强但错”的规则。
- **应用坏的规则**。在学习一项工作的过程中，大多数人拿起一些“坏”的解决问题的规则。它们是“坏”的，因为它们是糟糕的、不可取的或可以导致事情出错的。然而，这些坏规则很多时候会达到它们的目的，所以成为个人解决问题套路的一部分。

这两类基于规则的错误有相当不同的起源。误用好规则源于未能区分合适与不合适的问题情境。必须明白的是，这些差异可以很小，也很难被发现。往往有许多特质具有共同之处。此外，我们往往将解决方案应用于常见熟悉的问题上，在很大程度上是建立在自动模式匹配的基础上。问题诊断会跳入脑海，只有到那时我们可能思索它是如何适当的。

坏的规则成为个人解决方案的工具包，因为情况往往比较宽容。不是非常理想的处理问题的方式可以带来可行的解决办法，虽然是不想要的解决办法。比如，技术人员进行重新布线火车在英国伦敦克拉珀姆交会站相撞信号箱时，被发现使用了大量的不良做法，因为他既没有接受适当的训练，也没有对他进行密切的监督。

基于知识的错误（KB）：当一个人试图解决新的问题（他的培训或经验没有提供预先编好程的解决方案），会发生基于知识的错误。这就需要有意识的即时推理，由于工作记忆能力有限和使用不完整或不准确的问题情境的心理模型，这种推理呈现出易于出错的倾向。这种灵光一现的思维容易形成确认性偏见（得到错误的结论，然后弯曲事实以适合此错误的结论）、过度自信、相似性偏见（粗略匹配物以类聚的想法）和频率偏见（倾向性想起经常遇到的情形或可能性）。

基于技能层面的违规：基于技能层面的违规构成一个人熟练行动库的一部分。它们往往涉及走捷径（即两个任务相关点之间按照可以实施最小努力的路径）。这种惯常的违规是由一个相对无关紧要的环境促成的行为。那就是，很少惩罚违规或奖励遵守规则的情况。

基于规则层面的违规：安全程序、规则及规章是书面编写的，主要为了在有问题或有风险的情况下控制行为，因此在规则层面一级是最充足的。在某一特定系统或技术的初始阶段，程序可能只是提供了说明如何执行必要的任务和如何应对可预见的危险（见图 1.5）。但程序不断修订，纳入了过去发生的事件和事故的经验教训。这种修改通常禁止特定的行为，是在特定事故或事件场景中已知有涉及的各项操作。

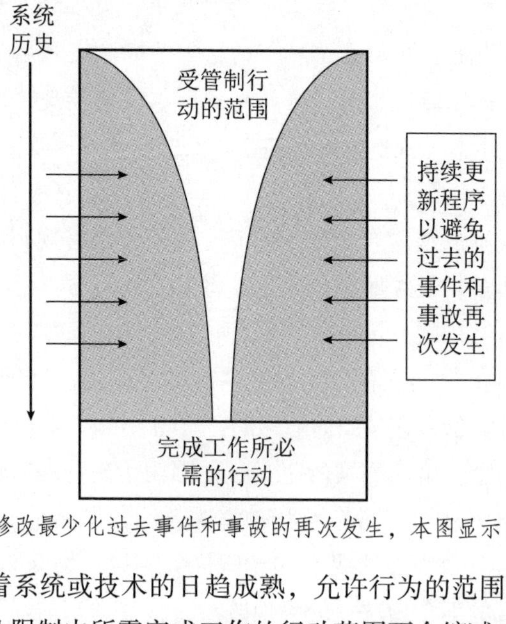

图 1.5　随着程序修改最少化过去事件和事故的再次发生，本图显示出缩小的行动范围

其结果是随着系统或技术的日趋成熟，允许行为的范围逐渐缩小。然而，在当前运行和商业限制内所需完成工作的行动范围不会缩减。这将创建必要的或情境违规行为的条件。违规行为提供可能的，或在某些情况下（例如切尔诺

贝利事故）唯一解决问题的办法，因此这些就带来了许多问题。

基于规则的违规很可能比基于技能的违规更蓄意。然而，正如错误是故意的，实施行为是相信：它们将达到预期的目的，所以情境违规往往是蓄意行为，相信这不会导致不良的后果。这些违规行为是通过成本收益权衡形成的，此处的收益被认为大于可能的成本。

这种评估是有误的。因此，情境违规可以涉及错误和程序上的偏差，对于这一类的违规，称为“misvention”，含义是一系列错误的规避。

基于知识层面的违规：按照定义，基于知识级别的活动，发生在非典型或新颖的情况下，不可能存在任何具体的培训或程序性的指导。培训者和程序撰写人员也只能解决已知的或可预见的情况。

切尔诺贝利灾难（Reason，1987）也许提供了记录最好的例外违规行为。在此事故中，实验计划已经要求了情境违规，即没有应急堆芯冷却系统操作，就测试电压发生器。人的显性失效序列始于疏忽（低于25%功率级），接着发生在一系列错误规避的基础上（继续进行测试时，RBMK反应堆远低于最低20%功率级运行，从而出现正空泡系数）。此后实施了一系列的例外违规行为，其中操作者先后关闭安全系统，使这次爆炸的发生不可避免。他们这样做，显然是无知工厂的基本物理学知识，希望在已逐渐减少的机会窗口中完成测试工作。

基于知识层面所遇到的问题并不一定是新奇的，在某种感觉上就像火星表面对于一些未来的宇航员来说，就是异常的。往往它们涉及相当罕见但是接受过训练的情况意外发生，或单独熟悉的各类情况出现了不太可能的组合。

潜伏失效的分类

潜伏失效也可以根据防御层、堡垒层和保障措施的功能和模式维度进行分类，由上文所述。它们在一起创建的矩阵内，就可以找到特定的潜伏失效。这个矩阵如图1.6所示。

	模式				
功能	专用安全功能	标准、政策、控制	持续、指令、监督	培训、讲解、练习	个人保护设备
意识度					
发现警告					
保护					
恢复					
遏制					
逃脱					

图 1.6　确定特定潜伏失效矩阵

矩阵提供一种方法，不但用以分类一般情况下的潜伏失效，而且也映射出在特定事故中潜伏失效的相对密度。每次事故有其自身的特点——潜伏失效的“指纹”。

同样，它也可能是使用潜伏失效矩阵作为评价系统安全管理体系有效性的系统性基础。每个单元格的分析工作将识别出潜伏安全漏洞的领域。

矩阵局限于一个特定的组织，没有提到外部监管机构所承接的重要防御角色。自律和外部监管的失灵，在挑战者号失事、自由企业先驱号和英国帕玻尔阿尔法平台爆炸事故方面扮演了重要的角色（Vaughan，1990；Sheen，1987；Cullen，1990）。然而，监管层面充当了相同的防御性功能，如同在那些企业内部的模式，并因此可以表示为矩阵外部的一个单独列。

意外事件：第三步

发展事故因果关系模型中的下一步是有关事件的本身。定义一个事件，这里是事故轨迹完全或部分渗透通过了系统的防御层。事故轨迹是，如果它击穿了所有的防御层、堡垒层和保障措施，就可能带来失控的危险，接触到潜在的受害者。这个模型发展的第三步如图 1.7 所示。

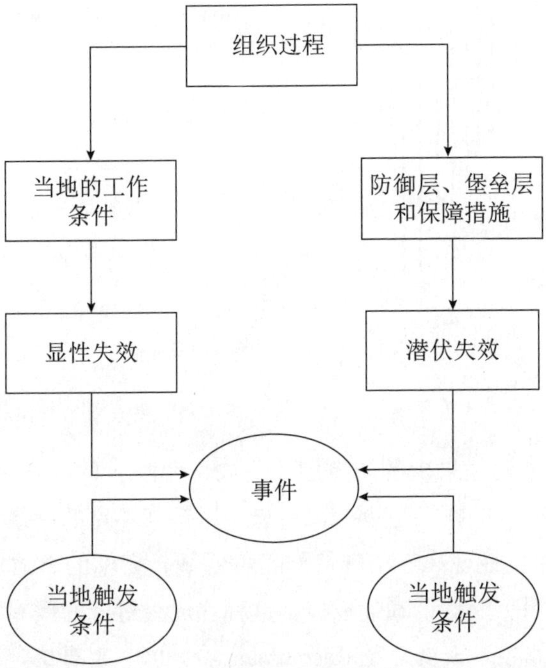

图 1.7　显示显性失效和潜伏失效组合引发的事件

正是在事件一级，显性失效和潜伏失效通路一同来创建事故机会完全或部分的轨迹。因果关系也可以与当地的触发器互动。这些包括非典型的系统状态（比如，公司创业或倒闭），当地的环境条件（比如，Zeebrugge 港口的春潮，自由企业先驱号渡轮倾覆发生地）或恶劣天气（比如，挑战者号发射前一夜的低温度）等因素。

图 1.8 更详细地显示出一起事件的性质。在防御层上的漏洞各种各样：

- 由于防御层中处于休眠状态的弱点或未被发现的缺点，这些都形成了长期的漏洞。通过事件的不同后果，揭示了它们作为潜伏失效的存在。
- 维护或非典型系统状态过程中在知情的情况下创建的漏洞。
- 显性失效带来的漏洞，是不安全行为或特定组件的失效而产生的。比如，故意禁用专设的安全功能或违反安全操作程序的例子，就代表了这些最近创建的漏洞。

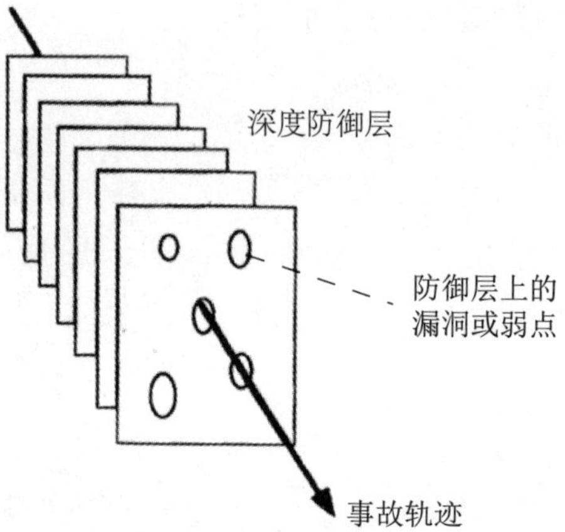

图 1.8　事件涉及完全渗透系统的防御层、堡垒层和保障措施

在各类活动中处理最少的防御层（例如，切割丛林设立地震测线），单一的差错（误判大砍刀的摆动范围）就可能足以带来不良的后果（比如，砍刀严重弄伤腿）。然而，最现代、防守最严密的系统，完整的事故轨迹需要所有防御层上的孔（漏洞）能够精确连成线。这种连成线对应的概率是很小的，虽然人类（特别是维修技术人员，见 Rasmussen，1980）“也有诀窍本领”创造共同模式失效，因此让漏洞连成线。

事件级别是高度动态的。漏洞出现、消失和再现。它们缩小和扩大。它们改变在防御层上的位置。正如在模型中的所有地方，随机影响不断地发挥着作用。

这种不断转变的情况还包括大量的不安全行为，其不良后果都由有关防御层或肇事者自己检测到并进行检查。只有相对较少的不安全行为会发现保护良好的系统中防御层上的裂缝。潜在的事故轨迹可能穿透一个或两个防御层，然后消失，这往往被忽视了和没有进行记录。此外应该意识到的是，虽然图 1.8 显示了连续的堡垒层，但不是所有系统拥有这种纵深的防御层，而且事故轨迹是穿透所有层才会达到其损害性的后果，这也并非总是必要条件。

事件的后果可能从灾难性变化到“免费的经验教训”。然而，这些提供了系统中重要的学习经验，因为每个事件揭示了迄今为止被忽视或未得以修正的潜伏失效。适当学习的先决条件是安全信息系统，识别出不只是离事件最近端的显性失效，也要识别出潜伏失效和其组织病原体。

因果通路：第四步

因果模型的一个重要特点是明确区分显性失效和潜伏失效的途径，虽然两者都拥有一个组织战略过程中共同的起源。图 1.9 呈现了所示的两个途径。

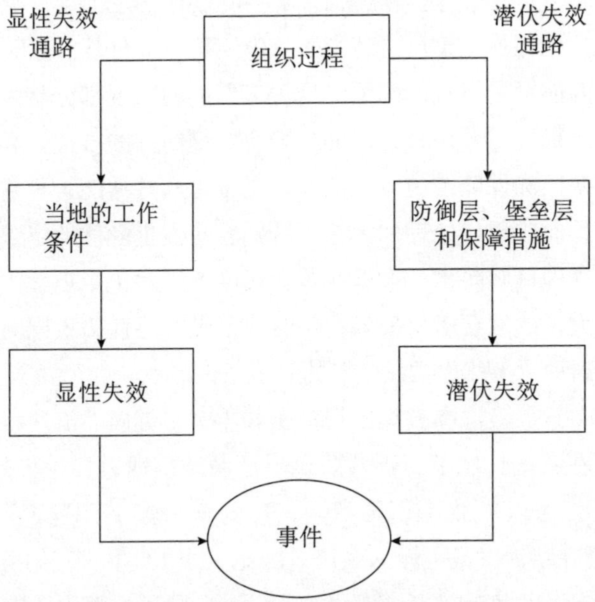

图 1.9 显示显性失效和潜伏失效通路

区分这些通路途径的理由是反映过去已经发生和潜在事故的不同特征。在某些案例中—— 托利峡谷号油轮漏油事件、埃克森·瓦尔迪兹号石油泄漏事故、东米德兰机场事故、BAC1-11 挡风玻璃事故征候、普尔雷火车事故等事故轨迹主要沿着显性失效的通路。其他一些事故，比如挑战者、英国帕玻尔阿尔法平台爆炸和伦敦国王十字车站大火等，涉及很少或没有显性失效作为最近端的原因。在这些情况下，事故轨迹通过防御层中存在的长期潜伏失效。但是，大部分的事故需要及时串联起显性失效和潜伏失效，从而实现事故机会完整的轨迹。Flixborough 镇己内酰胺装置爆炸事故中是如此，西班牙特内里费岛跑道飞机相撞、三哩岛、Ginna 核电站、切尔诺贝利、印度博帕尔毒气泄漏事故、海塞尔球场事故、火车在英国伦敦克拉珀姆交会站相撞、自由企业先驱号倾覆、得克萨斯州 Philips66 火灾和德莱顿坠机事故，都是如此。

某些类型的系统是否更易出现显性失效的轨迹？其他类型的系统是否更容

易出现潜伏失效的轨迹？尽管上面列出的示例表明无法得出硬性的分界线，但是我们很容易认为运输系统（船舶、飞机、火车、汽车等）事故几乎总是需要一些显性失效通路所导致。比如，商业航空事故中最常提到的原因是可控飞行撞地（CFIT），这些将在本书稍后内容中讨论。运输系统对显性失效的脆弱性在很大程度上源于它们的速度和对于其他危害的接近性，其中许多危险都是处于同样的移动之中。往往有事故发展会发生很短的时间尺度。

相比之下，处理加工工厂，特别是核电工厂，事件从开始到一些破坏性结果的可能性之间能承受较长的间隔。这种容忍度的出现部分是由于过程的动态性，部分来自防御层组合设计，比如，安全关键组件的多样性和冗余性，以及连续的各种堡垒层和保障措施等。然而，也正是这些功能，与它们相关的复杂性和不透明度，促成现代处理加工工厂特别容易发生隐伏的组织病原体和潜伏失效的累积。这种良好防御的设施在很大程度上针对单个显性失效，无论是来源人或机械。大量的重合潜伏失效，带有或不带有显性失效同时发生，通常是在系统中实现这种“事故成功发生”的必要条件。

防御层存在于危险源和破坏性损失（如生命、健康、财产、金钱、环境质量等）之间。在某些情况下，这些防御层从系统内通过显性失效通路破坏了。在其他情况下，潜伏失效逐步堆积增大达到某一点上，危害可以从“外部”（虽然并不总是在字面意义）侵入系统。因此，图 1.8 中，我们可以绘制事故轨迹的方向，无论从里面出来（显性失效通路），或从外而内（潜伏失效途径），取决于显性失效或潜伏失效是否是最主要的最近端因素。

理论总结

组织流程——高层系统所作的决定决策——为组织病原体进入整个系统埋下了种子。这些常驻病原体有多种形式：管理疏忽、定义含糊的政策、缺乏对于风险的远见或认识、预算不足、缺乏对于承包商的法律控制、拙劣的设计、缺乏规范和建设、缺乏维护管理、过度削减成本、糟糕的培训和人员挑选、权责混淆、不合适的工具和设备、商业压力、缺少或有缺陷的防御层，以及类似的种种情况。这些病原体的不良后果沿着两条主要途径进入不同的工作场所，在那里它们对防御层、堡垒层和保障措施采取行为，以创造潜伏失效并根据当地的工作条件，促成显性失效（差错、违规和组件失效）。

随后，这些显性失效和潜伏失效可能会采取行动，形成事件（完整或部分的轨迹通过防御层）。事件可能出现于复杂的显性失效和潜伏失效之间的相互作用，或来自一条或另一条途径占主要地位的因素。当地的触发因素和随机的变化可以协助创建事故机会的轨迹。

本章指出了这一理论框架的纠正补救作用。该理论的纠正应用可以分为显性预防性和被动反应性。通过指定组织和情境因素所涉及的各种因果关系，有可能在它们结合造成事故之前识别出潜伏的危险失效。相同的理论框架也可用于反向，从某些事件或事故进行反向跟踪，通过显性的失效途径和潜伏的失效途径追溯到它们的组织根源。而到目前为止，这条路是通过漫长和昂贵的法律调查实现的。现在所提出的理论概念工具框架，对于任何事件，无论多么微不足道的事件，我们可以做到这一点。

参考资料

1. Cullen, The Hon. Lord (1990) *The Public Inquiry into the Piper Alpha Disaster* 2 vols. London: HMSO.

2. Hidden, A. (1989) *Investigation into the Clapham Junction Railway Accident*. London: HMSO.

3. Hollnagel, E. (1993) *Human Reliability Analysis; Context and Control*. London: Academic Press.

4. Mitroff, I. I., Pauchant, T., Finney, M., and Pearson, C. (1990) Do some organizations cause their own crises? The cultural profiles of crisis-prone vs. crisis-prepared organizations. Industrial Crisis Quarterly, 3: 269-283.

5. Moshansky, The Hon. V.P. (1992) *Commission of Inquiry into the Air Ontario Crash at Dryden, Ontario*. Ottawa: Ministry of Supply and Services, Canada.

6. Perrow, C. (1984) *Normal Accidents: Living With High-Risk Technologies*. New York: Basic Books.

7. Rasmussen, J. (1980) What can be learned from human error reports? In: K. Duncan, M.Gruneberg and D. Wallis (Eds), *Changes in Working Life*. London: Wiley.

8. Reason, J. (1987) The Chernobyl errors. *Bulletin of the British Psychological Society*, 40: 201-206.

9. Reason, J. (1990) *Human Error*. New York: Cambridge University Press.

10. Reason, J. (1994) Comprehensive error management in aircraft engineering. *In Human Factors in Maintenance.Proceedings of the Aerotech 94 Congress*. London: Institute of

Mechanical Engineers.

11. Reason, J. and Mycielska, K. (1982) *Absent-Minded? The Psychology of Mental Lapses and Everyday Errors*. Englewood Cliffs, NJ: Prentice-Hall.

12. Roberts, K. H. and Gargano, G. (1990) Managing a high-reliability organisation: A case for interdependence. In: M. von Glinow and S. Mohrman (Eds), *Managing Complexity in High Technology Organizations*. Oxford: Oxford University Press.

13. Sheen, Mr. Justice (1987) *MV Herald of Free Enterprise.Report of Court No. 8074*. London: Department of Transport.

14. Uttal, B. (1983) The corporate culture vultures. *Fortune*, October 17.

18. Vaughan, D. (1990) Autonomy, interdependence, and social control: NASA and the Space Shuttle *Challenger. Administrative Science Ouarterly*, 35: 225-257.

19. Wagenaar, W.A., Hudson, P.T.W., and Reason, J. (1990) Cognitive failures and accidents. *Applied Cognitive Psychology*, 4: 273-294.

第二章　埃里伯斯山事故以及其他

新旧角度

理论和实践

这一章回顾了发生在1979年11月的一次事故，南极的埃里伯斯山（Mount Erebus）DC-10飞机发生了坠毁事件。阐述事故本身之前，我们简要回顾些主题，以便帮助读者理解如何架起系统性安全抽象和应用方法之间的桥梁。随后讲述的埃里伯斯山事故将进一步说明在第一章里概述的原则和思路。最后将简要回顾早些时候讨论中出现的概念问题。

组织风险管理

现代组织面临着难以对付的大量风险，从在商业环境中战略的变化，到事故造成的不利商业影响和公共关系的各种灾难，范围覆盖面很广。这是一个老生常谈的话题：有效的组织积极尝试管理这些可能影响组织生存的风险。管理的困难在于如何确定哪些风险带有最强有力的危险（Fischhoff，1994；Hood et al. 等，1992）。此外，管理层还必须建立适当的架构和方法，用以预测、抑制和控制这些没有预期到和不曾预料到的事件对于他们组织产生的潜在威胁。

人为差错和系统性风险管理

Cicero说过这样一句话，人非圣贤，孰能无过。人类开始居住在这个星球后，人为差错一直伴随着我们，它似乎注定要与我们继续一起存在。人为差错经常是风险管理系统失效的前兆，不管这些是由于遗漏，或由于不安全行为所引发的。从风险管理角度来看，无法承受不安全行为和遗漏行为的后果，最终被认为是全面风险管理体系症状性失效（Grose，1987）。从这个角度来看，事故可以最终被视为来自系统详细规定或设计的不足，或具有不足的“纵深防御层”（第一章，国际民用航空组织，1994）。

管理必须履行的责任和现实

言语是廉价的，而且重申一些自明之理和追溯到 Cicero 时的智慧，只能再次重复多年来经常表达出来的情绪。管理层是实际的人，具有有限的时间和资源。如果敦促他们“有效管理风险”有点类似于告诉飞行员，他们应避免飞行员所发生的人为差错。我们大多数人，不管是经理还是一线员工，都有良好的意图。实际上，在实践中实现我们的目标与良好的意图，是有点不确定的。

真实世界的组织状况和突发事件似乎对于那些容易的风险管理解决方案是无动于衷、不受影响的。以一种简单和孤立的想法避免人为差错，或渴望建立“适当的风险管理架构”这个愿望为基础的行动，经常似乎注定要失败。这种理想意图具有什么实质性意义和现实意义呢？人为差错是顽固和持久的，所以它往往是对于人的缺陷高度复杂的不相关联的解决方案，迅速由甚至更高复杂程度的人为差错的表现形式来替代。

直接原因和间接原因

当我们看到突发事件直接导致事故或不幸的结果时，我们很自然地倾向关注因果序列中最近似或最立即的因素，作为不期望结果的直接“原因”。线性因果链的想法，加上不间断的原因—结果关系，在那些来自技术背景的人中很容易被接受。

当技术组件出现失效时，我们只需要记录失效而已，也许我们可以更多地考虑如何更好地改进我们的设计、运营、维护或质量控制的流程。然而，当人的表现以某种方式失效时，没有满足期望；我们倾向于相对于那些预期的、假设的或估算的行为表现标准，对于现实的行为表现做判断。我们经常分摊责任，怪罪他人（Alicke，1992）。我们倾向于做出一种定性的判断，不同于考虑无活动能力的技术组件失效的情况——换句话说，我们倾向于回顾性判断人类参与者作为自主、有意志的人，而不是客观的无活动能力的系统性的组件。

事故和后见之明

这种观点的一个后果是调查人员倾向于把现有的社会和组织活动作为无关

的长期条件（Einhorn 和 Hogarth，1986；Mackie，1974），以及在事故或事故征候发生的情况下向后推理成线性的一种倾向。这种回顾性推理经常是考虑到规则和规章是适用的，但是这是从事后的角度来看待。这样的推理必然会达到一个事故因果序列可以被打破的阶段。这总是会达到如下阶段——个人没有依照先例、法规或规定行事。分摊责任就显得合理简单明了，现在回想起来，我们会发现随后发现的结论经常出现盲目的“明显性”。

这种对人的失效做法是常见的，并在适当的情况下，它可以说是很有价值和有帮助的。另外，在不同情况下这种方法可以相当于差不多只是相关事件肤浅的重述，最终的结论就是把这归咎于人为失效的次要剩余范畴之内。在这方面就会想到历史上非常具有明显特征的绰号——“飞行员差错”。很少有读者将需要提醒：这样回顾性的解释任务很少有利于后续各类事故的预防工作。

个人和组织的责任

本节将讨论关于个人和组织责任的重要问题。当我们将具体责任分配到员工时，他们不是应该按照这些责任履行他们的职责吗？Denning 勋爵（p 451B，1978）似乎赞同这一观点，在他经常引述的案例判决中涉及了一名飞行员被解雇的事件：

> 有的活动需要的职业技能是如此之高，即使在高标准下最小的偏离所导致的潜在后果都会非常严重，根据这些标准，只要一个未能履行，就足以证明解雇是具有合理性的。

从极端的角度，这可以被看作等同于绝对责任的概念——19 世纪法院对于航运事故严肃调查的结果就可以很容易地证明（Barnaby，1968）。这种观点为职业专业表现建立了一套高标准的要求。另外，近年来我们看见大量的调查牵连到官方机构和组织的职能部门，作为事故发生的关键前兆。相比较而言，让我们研究一下最近两个事故调查，以下是摘录：

> 现实情况是，对安全的关注被允许与非常危险的工作实践做法并存。这不幸的共存从未被管理层发现过，而且如此糟糕的做法永远不会被根除。差错在组织中会走得更广泛和更高，不只是停留在那一天工作人员的手里（Hidden，1989）。

> 在这次事故中……公司的既有程序没有被机库工作的人员所遵循。负责按照既定程序保证质量的检查人员，也身处最糟糕的犯规者行列之中。在机库工作的人员，松懈的态度表明管理层没有为其雇员建立有效的安全定位。事实上，管理层在确保航空承运人政策遵从性上的失效，必须被考虑是作为事故的一个事实或原因（NTSB，1992，p 44）。

类似的调查结果也出现在 Moshansky 调查的德莱顿 F-28 事故中（Moshansky，1992；参见第三章）和自由企业先驱号倾覆的调查中（Sheen，1987）。在这里，再一次识别出个人和组织对于事故发生的致因因素。事实上，这些大量的近期调查也发现，不得不解决明显的组织缺陷和个别员工正式责任之间的紧张关系。大多数这些调查也认为有必要解决这些长期存在的问题——比如组织文化、工作实践、惯例和态度等——结合由个人造成的事故的不安全行为（Anderson 和 Wreathall，1990；Maurino，1992）。

我们为什么调查事故?

Cicero 也补充了他有关人非圣贤孰能无过的观察，进一步提出了“只有蠢人才坚持不改”的观点。只要人类不完美这个情况仍然是生活中的事实，那么学习有关的经验教训将是航空事故为什么进行非常注重细节这种艰苦的正式调查较主要的原因之一。然而，当调查行业事故征候和事故的时候，常会出现令人困惑和迷惑的目标。事故调查经常服务于事故预防以外的目的——包括组织、政治和法律的各种目的。

例如，管理层会觉得他们要正式表明他们愿意采取行动，防止再次发生类似的事件，或者他们必须正式分配责任（Johnston，书在印刷中）。可能有必要证明，将会呈现给公众是安全的，不再出现进一步的类似差错。在涉及死亡或严重受伤的情况下，亲属们经常寻求一种手段，让他们的悲痛能公开得以补偿和弥补。他们也可寻求损害赔偿，或许，报应偿还。如果是指向这些不同目的的调查，那么这些对于预防事故就不是很有效的工具。

在某种意义上说，必须清楚的是，在事故调查期间理解清晰的目的至关重要。显然，如何关注事故中所涉及的事件，在一定程度上受一个人的价值观、调查目的、意图，尤其是所选择的分析模型的影响。这些话的意义将得到下面案例研究中所出现的问题的支持。因此，不言而喻的是，第一章中提出的理论模型只是进行事故分析的一种方法。读者必须最终决定：以下和这本书其他各章所描述的这一模型使用是否具有连贯性和说服力。读者还必须决定：我们的讨论是否成功地证明了第一章中所述的办法在事故调查和最好是事故预防中提供切实的益处。

埃里伯斯山事故

为什么是埃里伯斯山？

埃里伯斯山事故被选为这一章的案例分析有各种原因。这些包括如下事实，有两个权威的事故调查，但每一个都得出完全不同的结论。其中一个调查结果反映了当时在事故调查中（1979 年）正统的做法，虽然第二个调查结果预期了今后未来的调查趋势，如第一章中所明确的。选择这次事故作为分析案例的另一个优点就是大量的支持性材料，提供给我们可以研究的证据（本章末尾提供了详细的参考书目）。

埃里伯斯山事故的另一个有趣和宝贵的特征是，两个不同的调查不能证明另一个调查是错误的。这种说法似乎令人惊讶，因为我们习惯于期望从正式调查中得到确切的答案。然而，通过研究这次事故的证据我们早期学到的一个经验教训是：有至少两个方法来看待导致这个事故的各种原因。还有至少两种方式来编组各种证据。围绕事故周围的各种情况，这样的突出“事实”的形成取决于所选择的分析模型，以及人们对于有关事件的解释（Johnston，1989）。这次事故的不同调查提供了一项经典研究：价值观和利益是怎样塑造调查过程的（Trusted，1981；Trigg，1985；Johnston，1985）。

警　告

在本书有限的范围内，要非常仔细阐述这次事故的复杂精细度、细微差别和错综复杂性，这是不可能完成的任务。读者应该警惕如下事实——对这次事故的主要原因，争论的双方都有各自认可的强烈观点（Macfarlane，1991）。虽然第二次调查——皇家调查委员会——具有正式优先的地位，但有少数人强烈地感觉第一次事故调查是正确的。

请大家注意，在下文中我们没有意图批评任何一次调查的结论。它也不隐含暗示涉及事故的航空公司或任何其他组织，或在其调查中，明显不同于国际航空的规范准则。事实上，这里总体分析的主旨是：即使运行最好的组织也不能幸免于累积的潜伏失效所带来的致命危险。无疑，致命的潜在病原体目前潜伏在大多数组织之中。我们的目标必须是学会如何查明和消除这些潜伏的病原体。根据这一目标，以下的评论强调系统如何保障在各种情况下的失效，和本身得益于自从事故发生后十多年来在安全思维上所取得的进展。

埃里伯斯山事故

这次飞行的观光航班是从新西兰到南极洲的往返行程（见图 2.1）。没有在南极着陆这样的设想。事故发生的原因看似很简单：飞行人员来到陌生的环境中，下降到低高度，不同于航空公司其常规运行的高度，在 1500 英尺直接飞往埃里伯斯山（海拔高度 13500 英尺），并且与山基相撞。这架飞机完全被撞击损毁并随后起火。所有乘员都丧生。

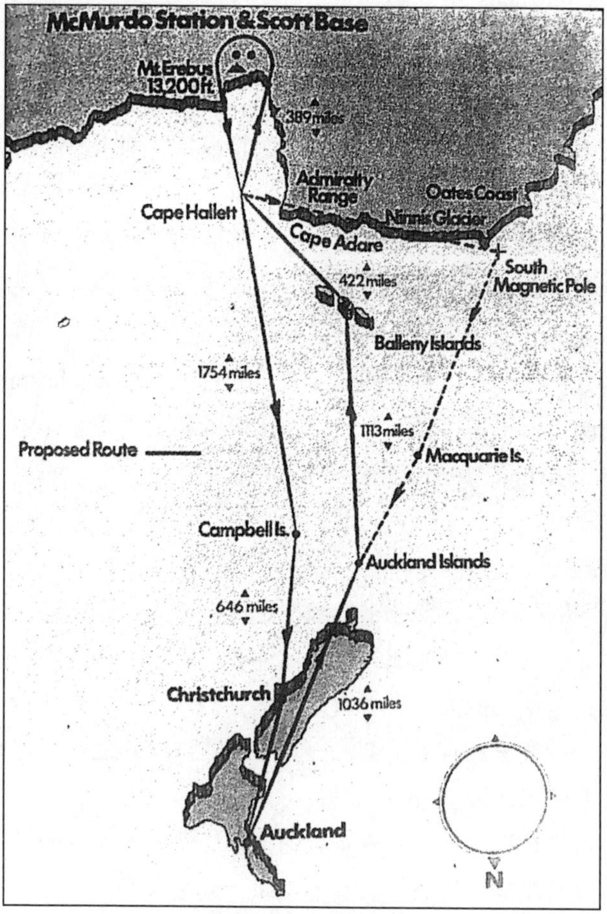

图 2.1　南极航线图

埃里伯斯山事故——一场事故，两种调查

正式的事故报告（飞机事故报告第 79—139 号）确定机长和机组是事故的罪魁祸首，报告结论总结如下：

> 3.37 可能的原因：这次事故可能的原因是机长决定继续低高度飞行，朝向凹凸不平的地面和地平线地区，机组不能确定其位置和随后没有发现上升的地形截断了飞机的飞行路径。

然而，随后的第二个调查委员会（皇家调查委员会报告，1981）总结认为集体性的组织失效占据了事故原因的主导地位：

> 393. 因此，在我看来这场灾难的一个主要和有效的原因是：航空公司管理层安排飞机直接飞往埃里伯斯山，忘了告诉机组人员，从而犯下了错误。

皇家调查委员会专员 Mahon 法官随后补充说：

> 这种差错的直接原因，与其说是那些执行飞行的人，不如说是因为航空公司不称职的行政程序造成了这一错误。

因此，官方的调查完全依照国际民航组织附件 13（事故调查）的规定，把事故责任完全施加在机长和机组的肩膀上，免除了航空公司和民航管理局的任何责任，而皇家调查委员会则是完全免除了机长和机组的责任，将这次事故的责任完全归咎在航空公司和民航管理局的身上。

失效的防御层、不安全行为和差错产生的条件

引　言

以下阐述埃里伯斯山事故说明了：在现代技术系统中发生的事故如何产生于行动延迟失效的有害累积；是来源于集体性而不是个人的差错。我们讨论回

顾了一些证据，焦点集中在事故发生时所存在的系统性失效和组织性缺陷。我们认为，这些潜伏失效，最终结合显性失效——和敌意的不利的运行环境——突破了系统防御层，从而导致事故的发生。

从系统性风险管理的角度来看，只是简单分配事故责任没有什么好处。鉴于这一事实，人为差错是人类行为的正常特征（Reason，1990；Senders 和 Moray，1991），调查的目标必须是查明这些系统性失效，要么促成和促使人为差错，要么无法遏制和使其后果无效。有鉴于此，官方的事故调查和皇家调查委员会的调查结果可以考虑是正确的，既然飞行机组人员未能在其作为最后一道防线上发挥应有的作用。然而，他们的表现同样反映出：任何飞行机组人员鉴于他们现有的知识和航线简报信息，在类似情况下可以预期显示出的行为表现。这并不否定这一事实，通过他们的行动或没有任何行动，从而引发事故。然而，周围的航空系统本身表现出缺陷和失效，也使飞行机组的表现存在缺陷。

埃里伯斯山一航班

罗斯岛（Ross）是观光的必到景点，据报告，那天是阴天，云底高 2000 英尺，有一些小雪，能见度超过 40 英里。麦克默多（McMurdo）西北约 75—100 英里的地区天气不错。麦克默多北面大约 40 英里，航班遇到了阴天，但有足够的空隙，允许目视下降，穿透云底高。机组要求，并从美国海军空中交通控制中心（Mac Centre）获得许可，下降并以目视方式前往麦克默多，要求 Mac 中心告知飞机的高度。区域惯性导航系统（AINS）的自动跟踪功能（NAV track）是断开连接的，“依靠手动完成”，目视条件盘旋下降到 2000 英尺的高度。飞机随后继续下降到 1500 英尺，旅客们也可以看见更佳的景色。当飞机改平时，AINS 的 NAV track 被重新选择。大约 3 分钟后，近地警告系统（GPWS）给出了 500 英尺的语音提醒。15 秒后，机组开始了拉升，飞机和埃里伯斯山底部的冰坡相撞（见图 2.2）。

分　析

我们从每个层面选择只有为数有限的失效进行分析。分析工作从事故发生回到潜伏的组织失效——实际上问的问题是“遗漏行为或犯下事件的累积产生了什么，促成或促进导致了这次事故的各种事件？”读者可能会发现，参考图 2.2 和图 2.3 会有很大帮助。

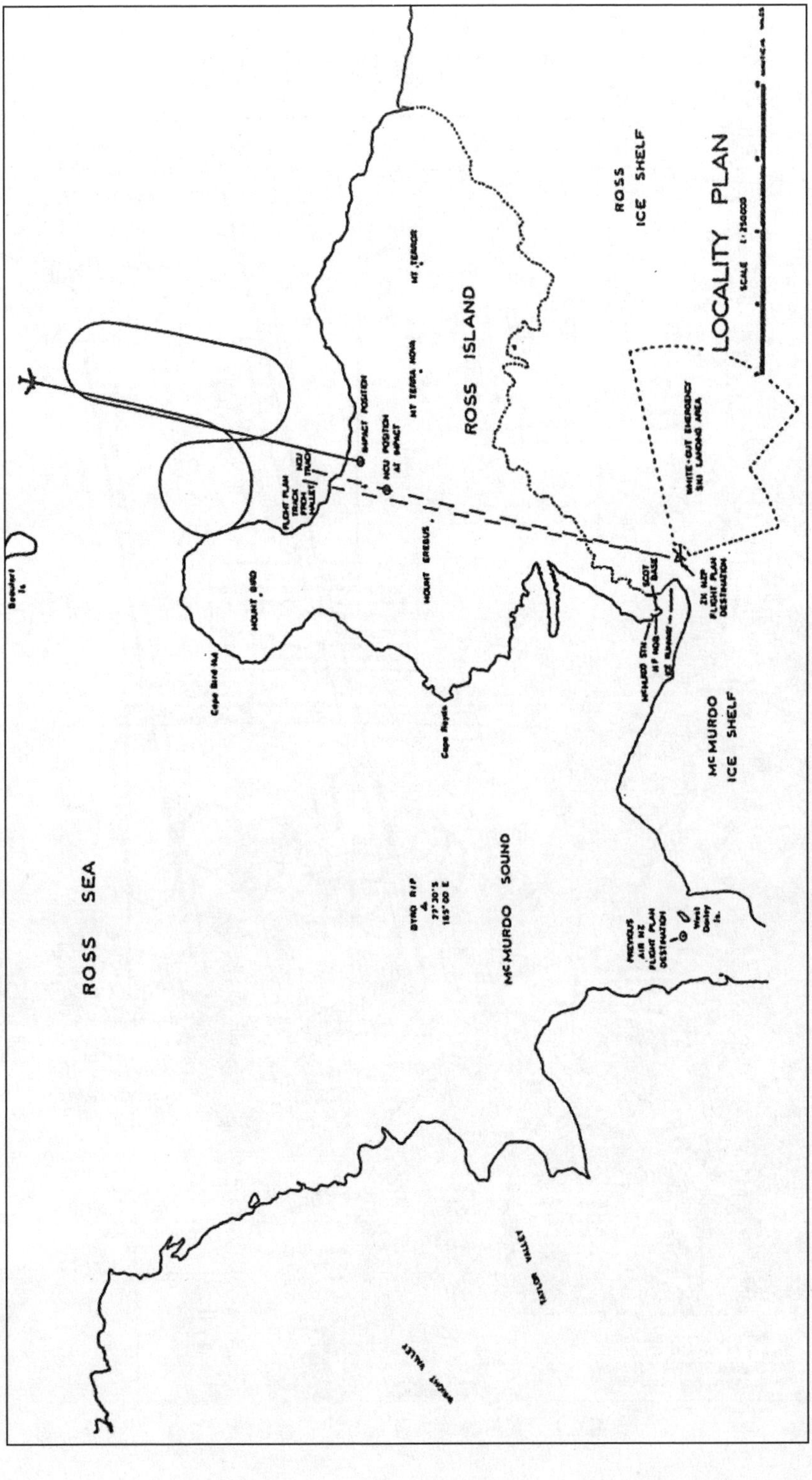
ROSS SEA
McMURDO SOUND
ROSS ISLAND
ROSS ICE SHELF
LOCALITY PLAN
McMURDO ICE SHELF
MOUNT EREBUS
MOUNT BIRD
MT TERRA NOVA
MT TERROR
IMPACT POSITION
Cape Royds
WHITE-OUT EMERGENCY SKI LANDING AREA
PREVIOUS AIR NZ FLIGHT PLAN DESTINATION

图 2.2　位置图

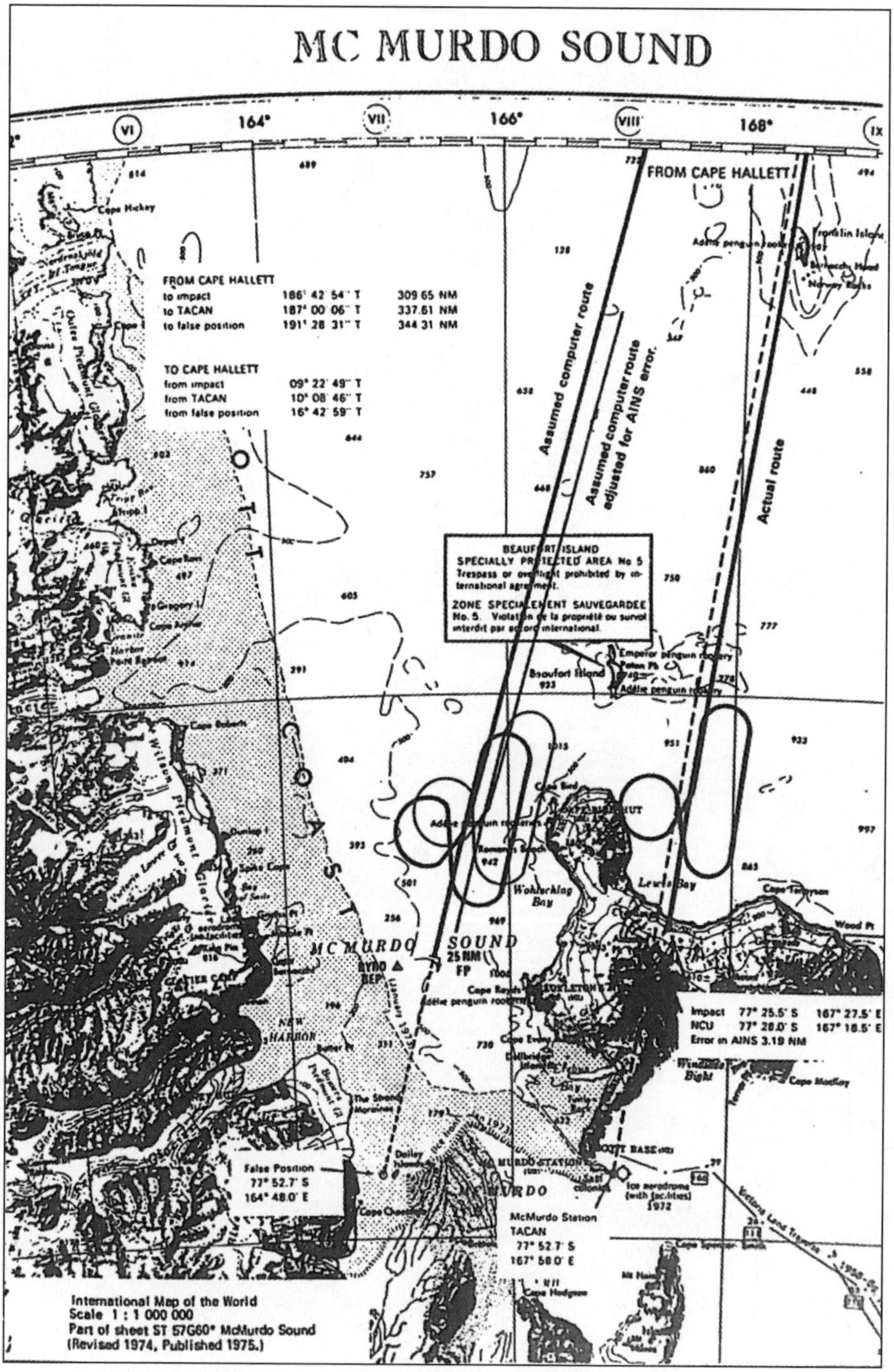

图 2.3　实际的和机组认为的飞行轨迹

失效的防御层

航空运输系统在许多层都会有防御层。这次所有各级的防御层都出现了失效的情况：

- 监管机构和承运人都没有确保提供给飞行机组人员有关南极扇形区乳白天空（whiteout，雪盲，极地的一种大气光现象）特有现象的充分资料。乳白天空对于滑雪的人而言，不是熟悉的可见度减少，而是在特定云彩和光照条件下可能会发生，并导致改变视觉感知。乳白天空损害了目视飞行规则（VFR）提供的保护，并呈现白色障碍，甚至一架飞机前面几英尺也看不见，即使在名义上可见度是大于40英里飞行。承接南极航班之前，飞行员在航线情况介绍会上得到告诫和提醒——避免阵雪、吹雪等情况。但是没有提供资料，关于试图同时在阴云密布的极地条件下，目视确认缺乏任何特征的白色地形的陷阱。有关在阴天的情况下目视飞行没有任何警戒、警告——或禁止——列入航线的简介材料之中。这其中关键的意义立即显现出来，当我们意识到，对于观察员是不可能确定他们正在经历乳白天空——唯一的自动防错装置保护是避免它发生的条件。
- 在南极航线情况简介期间为飞行员提供的计算机飞行计划是：从哈利特角通过罗斯海（Ross Sea）和麦克默多海峡中心（40英里宽的平坦冰区），到伯德（Byrd）报告点，这是在麦克默多站以西25公里处左右，然后从那里飞往麦克默多。该航线很紧密地按照常规的军事交通运输线，在前12个月期间有7个观光航班都是如此运行。这条航线，埃里伯斯山在飞行路径左边25英里的地方。不过，在事故发生的前一晚（预定起飞时间约6个小时之前），计算机飞行计划被承运人的导航部门进行了修改。最后航路点是现在的威廉姆斯场（Williams Field），而不是伯德报告点。新的航迹，现在偏置到左边，直接翻越了埃里伯斯山。机长和其他任何飞行机组成员都没有得到在最终目的地航路点变化的通知。当盘旋目视下降以后，机组重新选择了NAVtrack，然后飞机路径连接到（新更改后的）计算机飞行计划，机组无疑都相信，他们正在飞跃一大片平坦的雪原，朝向McMurdo Sound。实际上相反，由于危险的雪盲现象，他们正在直接飞往隐藏在阴云之下的埃里伯斯山（见图2.2和图2.3）。

- 向机组提供的讲解简报中包括观光区的两个海拔高度，其中 16000 英尺是飞跃埃里伯斯山；6000 英尺是在麦克默多周围限定的范围内。这些安全高度提供了每个区域的高度保护。事故发生后，所声称的这些高度的作用和意义成了激烈争议的话题。以前一些航班机组把它们视为最低安全高度，不管任何的天气条件。在该起事故这种情况下，那么飞行机组人员就违反了明确的限制，下降到了 1500 英尺。然而，大多数其他飞行机组把它们视为穿云高度（cloud break），认为目视降到低海拔高度是允许的。以前执飞过南极航班的飞行员对于这种高度的作用存在彼此冲突的看法，从这个事实清楚地说明了这条航线讲解指导至少是模棱两可的。鉴于事故后的一些说法，缺乏下降低于指定高度的明确禁令，实际上是有预期的，必须被视为失效的防御（见 Macfarlane，1991，pp 325-326，获取详细信息）。很明显的情况是，不清晰地沟通一定程度上导致了运行人员决策过程的瑕疵。
- 南极航班飞行的计划规定，被指派为责任机长之前，机长将在另一个机长（已经飞过南极）的监督下进行一个熟悉航班的飞行。这种明智的预防措施在航空公司的营运中是正常的做法，在这里是为了确保驾驶舱中至少有一名飞行机长是熟悉让人陌生的南极环境的。尽管以前的航班中飞行机组排班是按照这一要求，但是最终没有继续执行下去。这一取消决定的理由是航线简报讲解已经满足了所有熟悉的要求。因此，事故中的航班机长和副驾驶都未曾在之前参加过南极运行。
- 飞行机组已获悉麦克默多 NDB（导航信标）不可用。这就只剩下了军事导航提供测距，作为唯一的陆基导航服务。对事故机组的航线讲解中，讲解人员在确定 NDB 的真实状态经历了相当大的困难。事实上，NDB 能够传输信号，但它已正式退出使用，美国海军决定 NDB 应继续传输直到它失效。因此，对于所有实际的运行目的，NDB 是可用的，可以作为进一步的支持援助。缺乏沟通阻止了飞行机组人员意识到这一事实。
- 按照美国海军的规定，已通知国家民用航空局：空中交通管制（ATC）支持只可用在有限的基础上，只限于提供咨询信息。这种事态是否被机组完全理解，还有待探讨，运行南极的机组获悉对于麦克默多 ATC 就像他们联系任何其他空中交通管制单位一样，尽管存在了普遍的限制。ATC 是航空系统主要的防御层之一。空中交通管制服务的任何限制会削弱系统的防御层，如果这种限制对于它的用户而言是未知的，则更是如此。

不安全行为

在飞行的最后阶段，机组出现的几个不安全行为，可以说直接导致了事故的发生：

- 他们下降到两个安全高度之下，没有明确地确定他们飞机的位置。
- 他们没有使用威廉姆斯机场的相关设施，来帮助完成他们飞机的下降。
- 他们试图在乳白天气条件下目视确认地形。
- 他们继续尝试目视确认地形，同时飞向预定地区，按照 CVR 舱音录音的记录，机组曾怀疑维持目视条件的可能性。
- 尽管飞机接近麦克默多，他们对这一事实没有做出反应，无法建立甚高频无线电联络。这可能会表明他们飞机的位置与麦克默多之间存在一些阻碍通信的障碍（如高地等地形因素）。
- 他们没有使用 AINS 信息交叉检查航迹，而这些信息预期将把他们带到麦克默多海峡的中心和伯德报告点。

除了这些问题，还有一个不安全行为，这里是无法解释的，除非在适当的背景下考虑：经验丰富的机长和同样经验丰富的机组怎么会错误感知与低高度极地飞行相关的各种危险和陷阱，错误感知在事故当日现有的条件？管理层和同事们对于机长一致好评，认为他是一个有责任心和保守的专业人士。他在飞行前的准备，足以证明这个事实。他的队友，从任何方面说都同样具有丰富的经历、高度的责任心和渊博的知识。现有证据表明：机组作为一个完整的团队，一直有效地协调工作，直到事故发生的最后一秒。

下面几个因素可能促使机组人员下降到极低的高度后，仍在当时的条件下继续飞行：

- 飞行机组完全没有意识到雪盲的危险。他们清楚地假设，因为他们有极佳的水平能见度（超过 40 英里），在他们前面的大片浩瀚白色明显代表适合目视飞行通畅的飞行路径。他们可能认为，按照他们收到的航线简报，只要远离阵雪或吹雪，他们就可以免受目视损害条件的风险。
- 飞行机组人员知道以前南极航班在目视条件下已经下降到低海拔高度，并安全进行了观光游览，因此维持目视间隔地面障碍物就能保障飞行安全。

- 飞行机组人员相信他们的飞行轨迹顺着麦克默多海峡的中心，埃里伯斯山正好在左边；事情就是这样，1500 英尺改平后，飞行员重新在 AINS 接通 NAV 功能。他们对此信念可能进一步加强，通过（错误地）识别出标志性地标——不幸的是他们自己完全非常巧合所信任的航迹（这些在 Vette 和 Macdonald 资料中进行了概述，1983）。

差错产生的条件

差错产生的条件，导致飞行机组人员做出有瑕疵的决策和实施了不安全行为，这些条件是航空系统防御层失效的副产品。这些包括在监管和运行安全网中关键的漏洞、南极运行程序中的歧义、对于雪盲天气性质的不足信息、南极运行缺乏经验，以及关联的航线简报和培训的不足之处，等等。

承运人的航线简报讲解得到了监督管理机构的批准。它包括大多数需要飞行人员熟悉南极航班的信息，涵盖飞行模拟机上的运行细节。航线简报讲解代表一个广泛的框架，应确保这些航班的安全。然而，在航线和模拟机的简报中有遗漏和差错产生了模棱两可的意思。直到事故发生后，这些仍然未被发现。

南极航班也被断定存在如下一组要求：其中一些难以调和承运人的观光意图。在实践中这些要求和情景应变诱导的偏差之间存在不匹配——公司本身旨在实现观光的目的。其中的一个例子就是在简报中引用的两个高度。它们不是针对观光最好的海拔高度，以及以前执飞的南极航班下降的比这两个高度都低。如果它们真正的目的是作为最低高度，那么这样的下降偏离了预定的程序。然而，低高度观光是一件众所周知的事情，承运人或局方不会挑战这个显而易见的事实。即使高度原本是作为最低限度，这默许成了差错产生诱导的条件；它必然会影响事故机组的想法，他们的行为是符合可接受的先例的。

航线简介包括有关在麦克默多 NDB 仪表失效的信息，使用美国海军公布的仪表程序。这是可用来帮助获取观光的目视条件。NDB 正式退出服务后，这些航班可能下降到观光高度的唯一方式是使用目视飞行规则，从而航线简报作了相应的修改。虽然看似简单和直截了当，这项修改抑制了差错诱导的可能性。我们必须谨记，这是一次商业飞行，在仪表飞行规则（IFR）严格规定下派遣，在名义目的地附近是在增强目视飞行规则（VFR）运行。然而，重要的是理解 VFR 对于一名飞行员带来了相当大的自主权和灵活性，前提是目视飞行规则本身并不违规。

因此，当接近阴云密布的麦克默多时，没有导航设备执行下降，而且发现云中大片空隙实施目视下降，飞行机组人员执行了 VFR 提供的自主权来完成预期的目标。在提供的简报上的框架内，事故发生时所具有的知识，以及从以前南极航班和运行行为产生获得的经验中，这个决定是正确的。另一个目视下降被认为是南极航班正常组成部分的原因是：这是一种替代方法（坏天气），飞行航路只有目视下降才是可能的做法。

空中交通管制依然是最后一道防线。然而，目视下降的决定可能通过收到麦克默多放行许可而得以加强，这种许可绝不会挑战下降或质疑其恰当性。事后来看，下降的决定原来就是一个差错。然而，我们必须寻求对于此差错的解释，这个解释会远离事故发生点麦克默多海峡和埃里伯斯山。

潜伏的组织性失效

第一章介绍了组织病原体的想法，这种病原体在所有的高科技系统中被发现。这里提出的观点是这种病原体总是高科技产业内事故方式的真正根源，并可以产生各种条件，举个例子，包括：

- 高级管理层缺乏对安全的承诺或关注。
- 建立生产与安全目标之间的冲突。
- 糟糕的规划、沟通、监控、控制或监督。
- 组织的缺陷导致安全和行政管理责任之间的模糊不清。
- 关键信息依赖于口头沟通，没有书面记录。
- 培训中存在缺陷。
- 不善的维护管理或控制。
- 通过监管或安全机构监控中所存在的失效。

大量的这些条件在一连串的事件中发挥了作用，导致发生埃里伯斯山事故：

- 没有证据表明承运人管理层缺乏对安全的承诺；事实上，承运人对安全的承诺是明显的。然而，还有证据表明，这一承诺没有——在这次事故范围内——成功地得到贯彻实施。例如，虽然众所周知，以前航班低高度飞行违反了所说的最低安全高度，承运人对这些违规行为的报告没有反应。法官 Hidden（1989）在审查火车在英国伦敦克拉珀姆交会站相撞事故管理层对安全的承诺中的评估，表明可能存在类似的情况。因此，证据显示诚心诚意对安全的关注。可悲的是，然而它也显示如下现实：没有将这种关注转化为行动。据说对安全的关切是诚心诚意的，明确地反复表达。但是，没有始终贯彻到行动之中，如同免受危险的保护，和根本没有关注一样多。

· 有迹象表明组织安全责任是模糊的。各个运行经理都知道下降到低高度的问题。但是，他们每个人都认为，采取行动——应对可能违反运行限制不是他们个人的责任。责任混淆的另一个迹象是由公司安全经理（safety officer）提供的证据；他断言，直到这次事故发生之前，他忽略了一个事实：飞行航迹在原始策划阶段是直接运行要飞越一座活火山的上方。

· 现在回顾来看，至关重要的是，扇区乳白天气确切的物理和感知特性没有得到那些规划和审批这系列南极飞行人员的完全理解，至少直到事故发生后。

· 在事故发生时，南极航班的生产目标已完全实现。该航班是不合格的成功。这些生产目标和相关安全目标之间的冲突让我们的思绪暂停了一下，特别是在考虑对机组履行其职务时可用的“工具”上。这成了关键，麦克默多 NDB 退出服务后，目视下降成了实现生产目标的唯一手段。为了响应新的情况，对运行程序没有进行任何的更改，未能解决在精确的区域内由两个导航（NDB/TACAN）引导定期商业航班进行观光，这成了事故重要的因素。

· 取消两个机长和一名副驾驶的排班实践做法，而采用一个机长和两个副驾驶，减少了这种冗余所提供的安全裕度。当机长熟悉航班的要求被取消后，安全裕度再次进一步降低。

· 承运人收到了美国海军在南极支持部门转给民用航空管理局的信息，表明搜索和救援（SAR）的能力是有限的，特别是在水面进行搜索和救援能力非常小。虽然 SAR 问题和这次事故没有相互关联，生产与安全目标之间的冲突问题再次出现。这是猜想后果可能有哪些，如果在生死攸关的情况下导致人员伤亡，事故的可生存率有多少。

· 最后航路点的坐标在航班始发前几个小时内被承运人的航务部门改变了。

签派和飞行机组没有得到通知表明程序和通信失效。在航线简报讲解期间，对于最低高度缺乏明确而生成的疑虑，可以作为另一个例子。在调查期间出现的对于哈利特角与麦克默多之间的实际轨迹的怀疑，是另一个例子。这些疑虑代表反复出现的潜伏失效：缺乏管理层向相关运行人员提供明确规定的指导。

- 承运人在确定南极飞行的可行性前，已经与在南极经营的组织进行了几轮协商。一旦决定着手航班实施，并经民用航空主管部门批准的运行，没有进一步与这些组织进行接触而获得反馈——基于他们在南极运行的经验——关于所选择程序的可行性和稳健性。例如，没有与美国海军联系讨论麦克默多 ATC、航班将如何运作、他们预期的航路、所选择的下降扇区，等等。因此，我们确定鉴于麦克默多空管设施，事故发生后选定仪表下降的扇区是不合适的。因此现有的证据支持这一概念：在规划南极的航班中还存在可改进的余地。
- 有关于下降到低高度的争议，不足的控制和监督很好地说明了这个问题。它同样证明了这一事实，在 12 个月运行期间，运作到南极洲在计算机飞行计划目的地的航路点坐标中有一个差错，检测到该差错之前已经执飞了 7 个航班。此外，在这次事故中，航线简报讲解基于计算机飞行计划，包含这些错误的坐标，而且对这种坐标进行了强调或突出显示。
- 航线和模拟机运行简报是向飞行员转达管理层的意图和目标的恰当的方式手段。这些包括生产和安全目标。如果它们都能实现它们的目标，简报必须提供准确的信息和指导，而不是拐弯抹角地间接参考。所有相关的运行和安全信息应该已经成为南极航线简介材料的一部分。但是它不是。一些重大遗漏和错误已经被讨论过：有关于乳白天气的不完全信息；关于最低安全高度模棱两可的信息；关于预定飞行航线误导性的信息；关于提供空中交通服务的性质和范围模棱两可的信息等。简报未能产生预期的行为证明了它的失效，并提出相应存在类似的培训方面的缺陷。
- 最后，监管失效在这次事故中是显而易见的，因为组织绝大多数的潜伏失效本来通过认真细致应用现有的法规可以得以避免。有关当局在一开始时对于南极的运行进行了审议和批准，未能注意到提供给飞行人员的不是完整的信息。在规划阶段直接通过在一个活跃的火山上方，批准一条航线，可以视为另一个监管失效。随着那些最初批准后所发生的运行发展和背离（取消熟悉航班的要求；NDB 退出服务等），监管机构要求承运人无须改正。一种相当被动的态度也是对于大肆宣传的低空观光飞行的答案。如果它们确实代表有意违反限制，监管机构在这个问题上应该发挥积极的作用并采取有效措施。

结　论

后见之明：对于先见之明的经验教训

尽管上文提及了许多告诫，但一些读者可能仍认为涉及的分析是作为起诉航空公司的材料。这些读者会让自己更为安心，认为他们的组织是免疫于在这里所讨论的做法和危险的——这个综合征典型的特征是出现这样的语句：这种事当然不会在这里发生，我们有 X 或 Y 保护在位。这样的想法，不仅是错误的，而且还会错过这一分析的整个要点。正如差错是人类行为的一个正常组成部分，同样，每个组织中都藏着潜伏失效。正如人为差错是不可避免的，所以管理层决策也是会犯差错的。正如显性失效——人为差错或设备失效造成的——是不可避免的；潜伏失效孕育的错误也是不可避免的。

回顾往事时很容易表现出聪明的想法。从不同方法学的角度，并用新的眼光提出相关的事件，对于官方调查结果重新返工也是相对容易的。真正的挑战是提供一个连贯和富有成效性的分析，且忠实于事件。对于埃里伯斯山事故前面的分析被用于演示第一章中概述模型的分析价值。我们希望它帮助读者吸取经验教训，并且评估事故调查如何进一步得以改善。因此，上述分析被用于演示关注事故和人为差错的一个新方法。总体目标是加强事故预防，而不是进一步解剖埃里伯斯山事故。我们的意图是前瞻性的，用 Santayana 的评论可概括为，那些不能记住过去的人注定要重复它。

主动型和被动型组织

组织性的方法需要去帮助识别和抑制易犯差错的管理决策的后果，这从上述分析可以明显看出。在系统安全计划中的事情，个人立即失效对于所有实际的目的可以被看作是无关紧要的，只要能够识别出对组织系统的必要更改。采取积极的安全管理的关键在于识别出潜伏失效，在它们对于组织造成后果之前实施纠正。

针对有效的风险管理方案有两个基本的要求。第一个是合适的组织架构和过程。第二个是关于这些组织过程的质量确保准确反馈。有效的风险管理系统必须有很多层，采用多种技术技巧。在充分指定和结构化的系统中，优先考虑将确保反馈是相关的、有效的、及时的和准确的，以便启动迅速和持久的干预措施。考虑到有效的风险管理结构可以更好地发挥作用，在组织的亚文化中得到认可并推崇反馈和修正，所以基本的要求是结构和文化。

能够和愿意迅速回应反馈和修改他们与内外部运作环境关系的组织被称为“创新性的（generative）”（Westrum，1992）；这类组织可以对比封闭或病理性组织（Westrum，引用前书），后者的特点是责备文化、缺乏反馈、雇员善于隐藏差错和玩弄政治。换句话说，病理性组织存在潜伏的差错易发生高风险。

管理层有责任建立必要的组织结构，并确保适当的运行政策到位（Bruggink，1985）。管理层也要负责确保这些政策有效地转化为行动（Wiener，1993；Degani 和 Wiener，1994）。

个人和组织

一位作者对于最近美国国家运输安全委员会报告（NTSB，1991，p 44）提出异议，并且声称，是人发生事故，而不是组织（或者机构）：

> 我不同意这一概念——组织机构造成事故。应该是人的失效和设备失效导致事故。把原因从人转向机构，模糊和分散了个人的责任，我相信运行和维护运输系统是非常重要的。

作者显然是考虑到有关稀释了个人责任概念方面的作用的后果。这里还需要考虑如下左右为难的困境。一方面，我们必须认识到个人问责制的重要性；另一方面，我们必须承认，一线人员不是独立于公司工作习惯和实践——或组织亚文化的方式——而独立采取行动。关于组织工作现实所起的作用，它可能适当地采用“替代试验”。这只是涉及思维精神上代入另一位具有相同运行背景的人员，到事故或事故征候的情况中，问如下问题：根据现有的知识，以及事件按顺序展开的方式，是否有可能这个新的人员会做出其他不同的事情?（Johnston，1991）。

如果答案是不，它表明追究责任并没有发挥实质作用，除了隐藏系统缺陷，以及指责其中的受害人而已。举个例子，在自由企业先驱号渡轮灾难事故中，很清楚，船长和船员行为在事故发生的情况下，实质上没有不同于在以前发生的许多场合（Sheen，1987）。这次事故只是有人睡着了所酿成的——单一的特殊事件。正如随后进行的调查得出结论，这是一场等待着要发生的灾难，如果考虑到组织从顶部到底部感染了草率、马马虎虎的疾病。鉴于缺乏高级管理层的支持及安全保护的每一层在以前都被颠覆或使之无效的事实，所有主要人员发现自己竟然是情况的受害者。

另外，这种方法并不意味着我们必须避免分配行为或不行为的责任。事实上，它可能是这样，最有效的预防行动将关注于确保管理人员和一线人员完全明白并且愿意，并且能够履行这些特有的责任。然而，为什么管理层和一线人员未能按照其正式职责行事的原因，本身就是一个基本性的问题，组织必须成功面对这个问题，如果潜伏在组织的病原体想要彻底根除的话。

终　曲

有关埃里伯斯山事故调查和相关的文献主要是在德莱顿事故（在下一章中讨论）发生前十年形成的。埃里伯斯山事故调查结果引起了激烈的争议，但是仍然难以觉察并搁置直到最近。然而，按照这本书所采取的方法，该调查委员会的报告领先了它所在的时代至少十年。毕竟，切尔诺贝利核事故、印度博帕尔毒气泄漏事故、英国帕玻尔阿尔法平台爆炸、火车在英国伦敦克拉珀姆交会站相撞、伦敦国王十字车站大火和其他主要的高科技系统灾难当时尚未发生。它们本应该不会发生。现在回想起来，如果航空界——和整个安全社会——曾抓住南极事故的主要信息及其应用预防的经验教训，那么以上的种种事故，当然还有德莱顿事故等，我们就能避免。

值得注意的是，最近一段时间关键的具有开拓性的事故报告直接受益于司法人员的参与，他们被赋予了广泛的调查权力。这些司法人员考虑他们周围每个相关的事件，进而避免对一线工作者正式问责所产生的狭隘视角。它是一个有意思的悖论：司法人员采取这些重要的主动性行为，但由于种种原因只有为数不多的专业事故调查人员，现在才开始表达这样类似的倡议。

本章旨在展示第一章概述模型的优点。这些优点包括：

（1）分析模型捕获显著的人和组织差错特点。

（2）一种模型引导事故预防被动型和积极主动型的办法。

（3）一个适当的框架，以便进一步改进人为因素事故和事故征候的调查。

（4）对于管理层组织有效的安全实践特性的指导。

致　谢

我们感谢新西兰奥克兰飞行安全基金会 GordonA.Vette 的帮助，提供图 2.1 和图 2.3。图 2.2 来自飞机事故调查报告第 79—139 号，新西兰惠灵顿航空事故调查办公室。

参考资料

1. Alicke，M. D.（1992）Culpable causation. *Journal of Personality and Social Psychology*，63: 368-378.

2. *Aircraft Accident Report No. 79-139*；*Air New Zealand McDonnell-Douglas DC10-30 ZK-NZP Ross Island*，*Antarctica*，*28 November 1979*（1980）Office of Air Accidents Investigation，Ministry of Transport，Wellington.

3. Andersen，N. S. and Wreathall j.（1990）A structure of influences on management and organisational factors on unsafe acts at the job performer level. *Proceedings of the Human Factors Society*，*34th Annual Meeting*，34，881-884.

4. Barnaby，K. C.（1968）*Some Ship Disasters and their causes*.London: Hutchinson.

5. Bruggink，G. M.（1985）*Uncovering the policy factor in accidents. Air Line Pilot*，May 1985.

6. Degani，A. and Wiener，E. L.（1994）*Philosophy*，*Policies*，*Procedures*，*and Practices:The Four "P" s of Flight-Deck operations* In: Johnston，A N.，Mc Donald，N. j. and Fuller，R. G.（Eds）*Aviation Psychology in Practice*. London: Ashgate.

7. Denning，M. R.（1978）Alidair v Taylor. London: *Industrial Court Reports* 445. OUP.

8. Einhorn，H. j. and Hogarth，R. M.（1986），Judging Probable Cause. *Psychological Bulletin*，99（1），3-19.

9. Fischoff B.（1994）Acceptable risk: a conceptual approach. *Risk: Health*，*Safety & Environment*，5（1），1-28.

10. Grose，V. L，（1987）*Managing Risk: Systematic Loss Prevention for Executives*. Englewood Cliffs；Nj: Prentice Hall.

11. Hidden, A. (1989) *Investigation into the Clapham Junction Railway Accident.* Department of Transport, London: HMSO.

12. Hood, C., jones, D. K., Pidgeon, N. F., Turner, B. A. and Gibson, R. (1992) Risk management. In: *Risk: Analysis, perception and management.* London: The. Royal Society.

13. International Civil Aviation Organization (1994) Human Factors, Management and Organisation. ICAO *Human Factors Digest Number 10.* Montreal.

14. Johnston, A. N. (1985, December) Erebus. *The Log*, 16-18.

15. Johnston, A. N. (1989) A human performance re-interpretation of factors contributing to an aviation accident. *Proceedings of the 5th International Symposium on Aviation Psychology*, Columbus, OH 848-853.

16. Johnston, A. N. (1991) Organisational factors in human factors accident investigation. *Proceedings of the 6th International Symposium on Aviation Psychology*, Columbus, OH 668-673.

17. Johnston, A. N. (in press) Blame, punishment and risk management. In: Hood, C., jones, D., Pidgeon, N. and Turner, B. (Eds) *Accident and Design.* London: University College Press.

18. Macfarlane, S. (1991) *The Erebus Papers.* Auckland, New Zealand: Avon Press.

19. Mackie, J. (1974) *The Cement of the Universe: A Study of Causation.* Oxford: OUP.

20. Maurino, D. (1992) Corporate culture imposes significant influence on safety. *International Civil Aviation Organization Journal*, April 1992.

21. Moshansky, Mr. Justice (1992) *Commission of Inquiry into the Air Ontario Crash at Dryden*, Ontario. Final Report, Ottawa, Canada.

22. National Transportation Safety Board (1991) *Aircraft Accident Report: Runway collision of Eastern Airlines Boeing 727, Flight 111 and Epps Air Service Beechcraft King Air A100 Atlanta Hartsfield International Airport, Atlanta Georgia, January 19, 1990.* Washington, DC.

23. National Transportation Safety Board (1992) *Aircraft Accident Report: Britt Airways, Inc., d/b/a Continental Express Flight 2574 In-flight structural breakup EMB-120RT, N33701 Eagle Lake, Texas, September 11, 1991.* Washington, DC.

24. Reason, J. (1990) *Human Error.* Cambridge: Cambridge University Press.

25. Senders, J. W. and Moray, N. P. (1991) *Human Error.* Hillsdale, NJ: Laurence Erlbaum.

26. Sheen, Mr Justice (1987) *MV Herald of Free Enterprise. Report of Court No. 8074 Formal Investigation.* London: Department of Transport.

27. Trigg, R (1985) . *Understanding Social Science.* Oxford: Blackwell.

28. Trusted, J. (1981) *Theories and Facts.* Open University Course Units, U202. Milton

Keynes: Open University Press.

29. Westrum, R.（1992）Cultures with requisite imagination. *NATO Verification and Validation Conference*, Vimeiro, Portugal.

30. Wiener, E. L.（1993）. *Intervention strategies for the management of human error.* NASA CR4547. Moffett Field, CA: NASA-Ames Research Center.

埃里伯斯参考文献

报　道

Report of the Royal Commission to Inquire into the Crash on Mount Erebus, Antarctica, of a DC10 Aircraft Operated by Air New Zealand Limited（1981）Wellington.

图　书

1. Guy, M.（1980）*Whiteout*.Alister Taylor.

2. Hickson, K.（1980）*Flight 901* to Erebus.Whitcoulls.

3. Mahon, P.（1984）*Verdict on Erebus*; Collins.

4. Vette, G. with Macdonald, J.（1983）*Impact Erebus*. Auckland, New Zealand: Hodder & Stoughton.

诉讼案件

高级法院

Unreported, Mr. Justice Speight: Auckland, A 482/81, 15 July 1981.

上诉法院

1. Re Erebus Royal Commission; Air New Zealand v Mahon [1981], Volume 1, New Zealand Law Reports, p 614.

2. Re Erebus Royal Commission; Air New Zealand v Mahon（No. 2）[1981], Volume 1, New Zealand Law Reports, p 618.

3. Re Royal Commission on Thomas Case [1982], Volume 1, New Zealand Law Reports, p 252.

枢密院司法委员会（上议院）

1. Privy Council Appeal Number 12. [1983].

2. Re Erebus Royal Commission;Air New Zealand v Mahon [1983]，New Zealand Law Reports, p 662.

第三章　雪中的病原体：1363 航班坠毁

只见汪洋就认为没有陆地的人，不过是拙劣的发现者。

Samuel Johnson

引　言

1989 年 3 月 10 日星期五中部标准时间（CST）下午 12:09，52 岁的机长 George C. Morwood 推动油门，使用福克 F-28-1000 飞机开始执行安大略航空 1363 航班飞行任务，从加拿大安大略省的小机场德莱顿 29 号跑道开始起飞滑跑。George C. Morwood 是一位具有 24000 飞行小时、拥有 673 小时的喷气式飞机运行经验的老将。35 岁的副驾驶 Keith Mills 在一旁仔细观察着。Keith Mills 也是一位有超过 10000 飞行小时经验、拥有 3500 小时的喷气式飞机运行经验的老兵。开始起飞滑跑后，认认真真、循规蹈矩、照章办事的机长叹了一口气。迄今为止，回想起来，3 月 10 日仍是令人沮丧的一天。天气不佳，客座率比预订的要多，实际情况比最佳运行状态差很多，这些组合起来产生无数次的延误。机长 Morwood 感到很困惑。作为专业人士，他恪守航班准点并关注于乘客。但一天的结束——面临的挫折——就在眼前，仅仅是离开曼尼托巴省温尼伯 45 分钟后。

从一个中立的观察者的角度来看，一些显而易见的情况应该能够促使机长和副驾驶重新认真考虑起飞的决定，或者做好一些预防措施。乘务员和许多乘客，包括客舱中两名乘客身份的机长准备换乘回温尼伯，已经关切地注意到飞机滑出阶段在机翼上积累的雪量。但是，这种担忧绝不会传送给飞行机组人员。在任何情况下，在机长 Morwood 的头脑中，针对目前的情况，基于他的知识和了解的情况以及他对周围事物的感知，他做出了正确的决定，加速两台罗尔斯罗伊斯公司 Speys 发动机，开始了起飞推力。但是他没有后见之明。

距离 29 号跑道尽头不到一公里，1363 航班成了 21 名乘客和 3 名机组人员的死亡陷阱，其中也包括机长 Morwood，副驾驶 Mills 和空姐 Katherine Say。雪和冰的致命组合在 C-FONF 飞机机翼上积累，抑制其升力，导致起飞后出现了不可改出的失速。为什么有着如此丰富经验的机组，却忽略了事故当天所呈现在他们面前的所有迹象？为什么两个正常、健康、有能力、有资质的人会允许他们设备精良先进的飞机最终和他们一起走上坠毁之路？人类为什么会犯下这种明显和破坏性的差错？对于这些问题的答案不会来自安大略省德莱顿的人员，而是来自更远的公司高层办公室、培训部门和监管机构的办公桌上。

1363 航班机组可能永远无法知道他们命运多舛的 1989 年 3 月 10 日从德莱顿起飞的决定（没有除冰），将是航空行业历史上最广泛和无所不包的调查案例之一，虽然范围类似，但已经普遍超过了第二章中讨论的埃里伯斯山飞机坠毁事故中 Mahon 法官所投入的资源。很清楚发生了什么事：飞机已经坠毁，因为冰和雪覆盖了它的机翼。似乎同样明显清楚的是：为什么发生——至少，从传统知识的角度来看，飞行员做出了一个错误的决定。如果是下雪和结冰条件占了上风，以及飞行员选择没有除冰起飞，事故必须是由飞行员的差错所导致的。

证据是显而易见的，如果只是采用传统的调查方法的话，调查在坠机的几个星期内可能会结束。然而，并非是这种情况。对于许多人而言很明显，在加拿大航空界，1363 航班坠毁事件背后的故事还有更多。

1989 年 3 月 29 日一个调查委员会成立，令人尊敬的 Virgil P. Moshansky 法官被任命为调查专员（Commissioner）。Moshansky 法官毫不犹豫地丢弃那些无关紧要的事情——飞行员差错的概念——开始了为期 20 个月的调查，在此过程中实际上撕开了加拿大的航空系统，由调查人员、安全官员、人为因素专业人员和研究人员、飞行员、工程师和监管机构组成的一个多学科团队，该团队努力提出各种建议，试图找到飞行机组决定起飞背后的答案。

Moshansky 法官从一个广泛的意义上解释了他的任务：

> 这个委员会的任务是调查一起具体的空难，以符合航空安全利益的方式提出各项建议。在执行这项任务过程中，我们必须批判性地分析飞机机组人员、安大略航空公司、加拿大运输部和环境，也就是这些元素互动的组织和环境……我采用了一种系统分析的方法，重点是检查人的表现。（Moshansky，1992，pp xxv）。

经过 168 天聆讯，166 名证人，168 卷的录音记录，共计 34000 页，文件全文内容总共超过 177000 页，调查委员会四卷总计 1700 多页的最终报告在 1992 年 3 月下旬公开发布。德莱顿事故报告已经变得家喻户晓，因为是从系统性以及从组织的角度进行事故调查和预防所取得的成就。该报告的价值在于超越事后剖析的经验教训，那就是，精确重建事件发生周围的各种情况，提出的补救措施旨在避免类似运行人员的差错，从而避免在未来发生类似于德莱顿的事故。在当代的航空安全领域中，让这份事故报告成为一个转折点是在于其事后剖析的经验教训。那些负责管理航空运行的是他们的培训者、监管机构或飞行经理——在报告中能找到以确定其运行健康状态的指南和一个“如何”改善“病态的”或薄弱环节的指南。

报告对于如何改善加拿大航空系统内的安全没有留下任何余地。它的经验教训毫无疑问地关系到今天的航空系统：

> 公开聆讯会……披露许多与承运人有关的安全缺陷和失效的情况，特别具体的是安大略航空公司；以及覆盖一般意义上的整体航空业；还有加拿大运输部监管领域。这些缺点、它们的原因和它们关系到的德莱顿事故都必须仔细地审视……（pp xxi）。飞机机组人员必须应对一个给定的航班总营运环境和任何施加在他们身上的各种约束条件，比如他们的飞机、承运人、直接运行的基础设施和监管机构等。如果该系统有效运作，每个因素在它会出现重大情况之前可能已经被识别出，并得以纠正。我们将显示这场事故是由于航空运输系统所导致的一个失效结果（Moshansky，1992，pp 5-6）。

调查委员会并没有产生任何可能的原因陈述。它没有尝试以简单的方式总结概括——这也是许多调查机构的特征——在航空事故中非常复杂的过程。相反，调查委员会提出了 191 项各种建议，这些建议与报告正文一起，积极识别出加拿大航空系统内各种潜伏的失效。这种潜伏的失效可能会产生像德莱顿这样的事故，或者其他事故。它们必须由高级别、战略决策者和管理者采取积极的行动来解决这些失效。这份调查报告还指出了可促进类似德莱顿和其他背景下运行人员显性失效的先决条件。

对于安大略航空 1363 航班失事的调查代表了首次大规模应用系统性、组织性方法进行航空事故调查的案例之一。这一章的其他部分对事件以及其随后的分析（由第一章提供的视角）进行了简略的描述。

事　件

安大略航空 1362 航班在中部标准时间（CST）7:49 离开温尼伯，比其预定的始发时间延迟了 24 分钟，这归因于机长要求飞机除冰。当日飞行日程包括温尼伯到桑德贝（Thunder Bay）的往返，中间经停德莱顿（航班号 1362/1363），紧接着是另一个温尼伯—桑德贝的往返，中间不经停德莱顿（航班号 1364/1365）。天气很糟糕，预报显示桑德贝和温尼伯的天气情况会恶化，低于着陆限制的标准。这表明：机组需要来自遥远总部的替代方案以及飞机增加燃油的需求。因此，从德莱顿到温尼伯的备用机场选择是 Sault Ste Marie 而不是桑德贝。另外，由于学校开始放春假将有大量旅客从桑德贝到温尼伯，公司要求在桑德贝减少飞机燃油，从而实现在德莱顿进行补油的需求（见图 3.1）。

图 3.1　1363 航班的路线图

当机长 Morwood 离开温尼伯前检查 C-FONF 飞机运行状态时，他发现：机务维护没有及时对故障进行修理，其中辅助动力单元（APU）仍然不能使用，5 天前它就已经不工作了。这一缺陷所涉运行问题是多种多样的。飞机引擎必须使用外部电源单元进行启动，或一个引擎必须保持发动状态，以便交叉启动另一个引擎。如果这两个引擎在某个机场被关闭了，而且没有外部电源可用，那么飞机将被困于机场，要等到 APU 被修复完毕（从技术上讲，这是不正确的。APU 火警探测系统不起作用，但是 APU 本身可以启动，输出所需的气动和电动功率。重要的是在这里 Morwood 和 Mills 的感知，因为所有证据都表明，他们认为 APU 是不工作的。）或提供外部电源才能解决。虽然其中一个解决方案是可以由另一个涡轮螺旋桨飞机或涡轮喷气发动机提供压缩空气来启动引擎，这被称为"同伴启动"，但是安大略航空公司没有设备随时可以为 F-28 飞机执行这样的启动服务。在德莱顿，也一样没有外部电源，因此一具引擎将不得不保持运行。制造商福克公司和安大略航空严禁进行除冰，如果引擎运行的状态下（虽然许多欧洲承运人的确在引擎运行的时候可以进行除冰）。此外，这种情况有必要制定"热加油"程序（hot refuelling）（一个引擎运行时进行的加油作业）。

除冰并清洁了飞机过夜后在机翼敷着的一些霜后，1362 航班驶离了温尼伯。航班正常平淡无奇地运行，晚点 13 分钟后到达德莱顿。机长 Morwood 通过电话与公司系统运行控制（SOC）（位于安大略省的 London）讨论了前往桑德贝的运行情况。桑德贝的天气已经恶化到低于着陆限制。基于天气预测会转好，在德莱顿地面上，机组将不得不让一个引擎运转，机长和 SOC 商定 1362 航班将驶离德莱顿，希望预测的天气好转会成为现实。在飞行途中，天气好转了，飞机最终在晚于预定计划 20 分钟后抵达桑德贝。

安大略航空 SOC 原来的飞行放行计划是从桑德贝至德莱顿，没有更新，但飞机加油后，又增加了十位乘客。现在起飞超重了，机长 Morwood 决定不承运这十位乘客和他们的行李。然而，安大略航空 SOC 值班经理否决了机长的决定，选择通过卸油的方式来减轻飞机重量，总计约 2823 磅燃油被卸下。卸油造成 1363 航班从桑德贝始发出现 35 分钟的延误，增加了在德莱顿热加油的时间。许多乘客在温尼伯需要转机，向乘务员提出了要求，这些要求最终传递到机长和副驾驶耳中。从目击者的证据表明：这些事件影响了机组早些时候在桑德贝逗留期间飞行机组人员所表现出来的很好的情绪。

在东部标准时间（EST）11:55，满载乘客的 1363 航班离开桑德贝，大约误点 1 小时。航班东部标准时间 11:39 降落在德莱顿，仍延误 1 小时，这时雪花霏霏（见图 3.2）。虽然飞机滑行到候机楼……雪不大，天气阴沉，以及阴云密布（Moshansky，1992，p 49）。

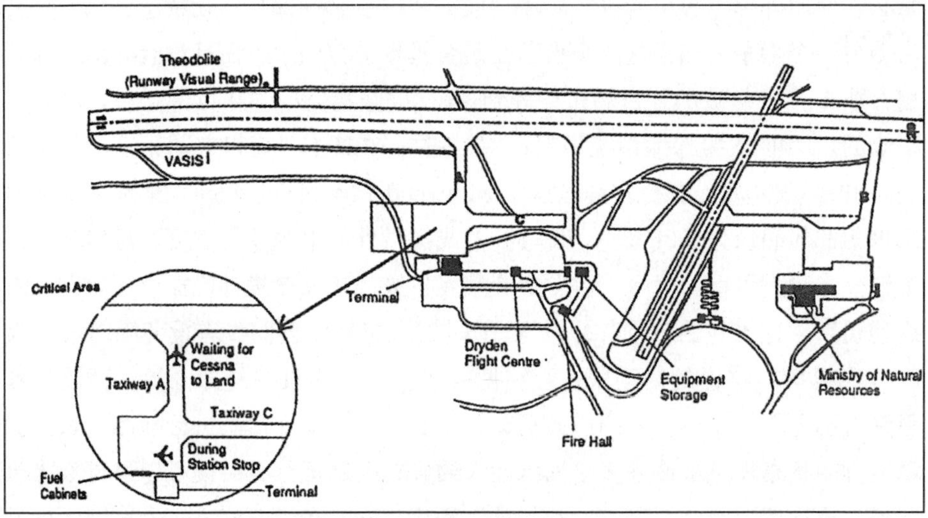

图 3.2 德莱顿机场的布局图

8 名乘客在德莱顿下了飞机，7 名乘客，其中有两个婴儿登上了飞机。与此同时，热加油过程开始了，其余乘客依然在飞机上等待。加油时，乘客待在飞机上，被认为是不安全的做法，这很难符合机长 Morwood 一贯的决策风格特点，他是一个很保守并严格遵守规则和程序的人。安大略航空运行手册作为公司为飞行员和其他运行人员提供的指导性文件，并没有阐述热加油的程序。然而，安大略航空乘务员手册指出，当实施热加油过程中，事故和消防救援（CFR）单位要在飞机旁边就位。虽然 CFR 最终就位在飞机旁边，调查专员得出结论：是热加油过程开始之后，消防车才到达和就位飞机旁边的。

候机楼内，Morwood 机长通过电话与 SOC 讨论有效载荷、载客量和仪表飞行规则 IFR 替代等方案。他从 SOC 得知温尼伯天气处于雾中，至于天空遮蔽三英里的能见度，在加拿大冬季，这是相当平常的运行条件，并没有引起重大关切。然而，信息提供给了调查委员会，表明机长 Morwood 在 1363 航班起飞前电话中已经和 SOC 进行了激烈的交谈。

座舱语音记录器（CVR）在事故中损毁了。CVR 记录了 1363 航班最后时刻在驾驶舱内的谈话。这第一手信息本可以提供更好的信息去理解为什么机长决定起飞的原因。没有了此工具，调查委员会相信，机长在候机楼内的行为，以及在他返回到飞机之前的最后时刻，是人的行为表现方面至关重要的调查，并深入探讨了这些关键信息。调查委员会明确认为机长 Morwood 的行动在候机楼中明显恶化，他电话沟通 SOC 后，飞快地走回飞机，表现出了极度的挫败感。

与此同时，在飞机上，副驾驶 Mills 与附近的安大略省凯诺拉（Kenora）飞行服务站（FSS）建立了无线电联络，并通报值班人员德莱顿能见度约 1.5 英里，正在降雪，并且将持续降雪。雪逐渐开始堆积。幸存者或地面人员中没有人看到飞行员对于飞机外部进行了绕机检查。虽然机长返回到飞机后，询问地面代理人除冰是否可用，得到的回复是可用的，但是他没有要求飞机除冰处理。地面代理人也没有进一步跟进此问题。当飞机准备离开候机楼的时候，雪更厚了，飞机机翼覆盖了八分之一至四分之一英寸深度不同的积雪。飞机进入跑道的时候，开始调头对准 29 号跑道，跑道堆积了四分之一至二分之一英寸的雪泥。

当飞机滑出后，飞行服务站 FSS 通知 1363 航班，有一架赛斯纳 150 飞机按照目视飞行规则 VFR 进行娱乐观光飞行，准备降落在德莱顿。这架飞机的飞行员因为不断恶化的天气，要求 1363 航班不要起飞，直到他着陆后。最终这个请求获得批准，地面等待进一步加剧 1363 航班整个上午的延误情况。据报告，机长通过 PA（乘客通话）系统说：“……好的，旅客们，今天不是我们的幸运日……”

中部标准时间（CST）12:09，延误 1 小时 10 分钟后，1363 航班在雪泥覆盖的跑道上开始起飞滑跑。在地面上有半英寸深的雪泥，以及机翼前缘湿雪冻结成半不透明的冰，这些因素的结合大幅度降低了 F-28 飞机的性能。花费了比正常起飞更长的抬轮时间之后，飞机抬轮了，开始在跑道上颤抖，稍微升空，又回到了跑道。它第二次抬轮，在长度 6000 英尺跑道的 5700 英尺点起飞了。飞机刚过跑道头，离地面约 15 英尺，它未能获得足够高度，陷入高机头的状态，开始撞击树木。飞机掉头向下进入树木繁茂的地区，离跑道端头 962 米停住，在那里它被烧毁（见图 3.3）。现在轮到 Moshansky 法官和专业人士开始调查，找出为什么导致此事故的原因。整个调查花费了 22 个月来回答这个问题。

分 析

在分析 1363 航班失事的过程中，确定事故轨迹渗透系统的防御层、堡垒层和保障措施中的漏洞，调查委员会采用的方法如下，这些都应该被牢记：

> ……责任机长做出了错误的决定，但这一决定并不是孤立地做出的。它是在综合性航空运输系统的背景下形成的，如果它正常发挥作用，本来应该阻止起飞的决定……然而由于存在重大的失误，大部分情况超越了机长的控制范围，这些对于德莱顿事件产生了巨大的影响……必须检查监管机构、组织、物理设施和机组组件等，以确定每个组件是怎样影响机长的决定的。（Moshansky，1992，p 1102）

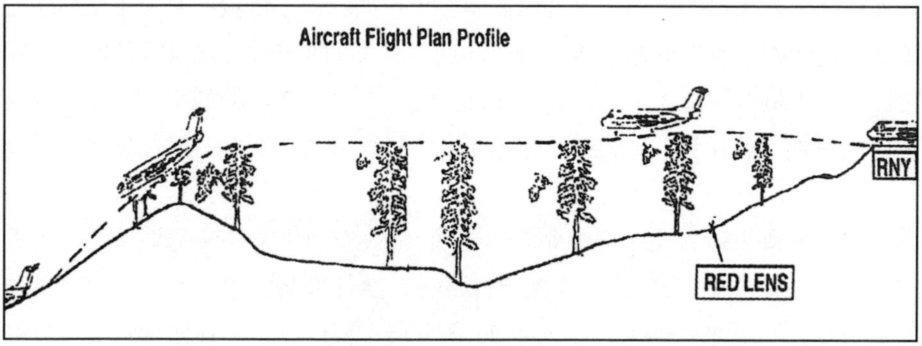

图 3.3　1363 航班的起飞

分析是倒行的，从这次事故和其周围的本地事件，到促成事件发生的潜伏失效和有缺陷的组织过程。分析探讨了四个主要领域或模块：失效的防御层、不安全行为、差错产生的条件和组织的潜伏失效。分析的结论反映了第一章讨论的因果途径模型，说明显性失效通路和潜伏失效通路是如何导致了 1363 航班的毁灭性飞行。

失效的防御层

众多的防御层，以及航空系统的正常组件，本应该抑制 1989 年 3 月 10 日的触发事件，并且阻止飞行机组人员没有实施 F-28 机翼除冰而起飞的决策。失效的防御层不能被孤立或单独地考虑，而应该放在总体范围背景下，因为它们在组织过程中存在缺陷。在德莱顿最明显的防御层失效包括以下内容：

- **不工作的 APU。**调查委员会透露，安大略航空公司人员经常以没有授权的方式推迟维修故障，随后飞行员驾驶没有修复故障的飞机飞行。并在多个场合，运行 C-FONF 飞机而没有有效的适航证书。在 1989 年 3 月

10 日上午，C-FONF 飞机的机务日志包含六个推迟维修的故障，其中包括不工作的 APU（没有测试）。在正常情况下，运行不工作的 APU 只不过是一种烦恼。1989 年 3 月 10 日德莱顿的那种运行条件，对飞行机组人员提出了严峻的挑战：缺乏外部的起动电源装置、热加油、公司政策禁止除冰的过程中让发动机运转，关闭这两个引擎的问题无疑会影响机长在德莱顿不除冰的决定。

· **最低设备清单（MEL）**。根据 MEL 中的一项条款，关于 APU 灭火系统失效，实际的问题是火灾探测系统失效，C-FONF 飞机被签派放行了。如果 APU 故障原因已被正确列出，在有限的情况下其使用将得以允许。然而，核准的 MEL 被拥有大量经验丰富的人员误解或误用了，其中包括管理岗位的一位飞行员和一位高级维修经理，错误理解了 MEL 的缺陷。此差错导致 1363 航班飞行员最终不能使用 APU。调查委员会确定 MEL 审批流程和在日常运行期间使用 MEL 本身充满了混乱、疏漏和缺陷等。

· **来自受污染跑道起飞的信息**。根据现有的认证标准，福克 F-28 飞行手册中起飞性能的信息，是基于在坚硬、干燥、光滑的跑道表面上加速和停止。受积水、雪水或雪的影响，加速—起飞和加速—停止距离会受制于这些不利因素。飞机在德莱顿开始起飞抬轮时，至少四分之一至二分之一英寸的雪泥覆盖了跑道。F-28 飞行手册包含污染道面操作的指导信息。在 US Air 和 Piedmont 航空公司的 F-28 操作手册中也有类似信息，安大略航空的飞行员可以使用，这也是他们曾受训使用的手册。如果 1363 航班机组使用 F-28 手册，那么 1989 年 3 月 10 日德莱顿起飞或将得以允许。如果他们使用 USAir 或是 Piedmont 航空公司手册，那么飞机将不会起飞，因为起飞重量将从其实际重量 64440 磅减至 54300 磅才符合要求。但这件事的关键是安大略航空提交到加拿大运输部（监管部门）的 F-28 操作手册草案不包括污染跑道的修正图表。此外，安大略航空公司对于修正图表使用没有既定的政策（那些福克手册、US Air 或 Piedmont 手册也没有）；关于这个问题，公司 F-28 飞行员也没有达成共识。

· **对于冷浸（Cold soaking）现象的信息**。这意味着一个物体在足够长的时间内，一直处在冷的温度下，其温度下降，或接近于环境温度。这就是高空飞机的机翼和油箱内所含燃料的情况。着陆的时候，飞机的蒙皮将很快热起来，但不是燃油，燃油热得更慢。冷浸泡的燃油接触机翼翼面会导致空中的水汽凝结成霜。雨或湿雪将被冻结到机翼的上表面，造成不规则的冰面。1989年3月10日，德莱顿提供相对温度更高的燃油，使油箱中冷湿透了的燃油提升到更高的高度，从而接触到机翼上表面，让冷浸现象起到了作用。调查报告披露，尽管飞行员对于燃油冷浸的影响认识不足，安大略航空公司以及加拿大运输部也都没有将这种现象和它对降水和霜凝结在翼面上的后果，提供给飞行员足够的信息。

- **飞行跟踪和支持**。对于1363航班机组而言，天气是运行时需要关注的一个很重要的问题。目的地和通常的替代机场天气状况都接近或低于运行限制。此外，由于F-28运行经验有限，Morwood机长不得不遵守比加拿大运输部对于加拿大航空飞行员（CAP）所设立的更高的起飞和着陆最低标准，从而进一步复杂化替代机场的选择。这反过来也对燃油、乘客和有效载荷产生了影响。签派——在这案例中安大略航空在London的系统运行控制中心——对于飞行员面临这些情况时，可以成为一个宝贵的盟友，毕竟飞行人员通常不会具有“大局观”的意识。1989年3月10日，安大略航空SOC对于机组运行决定几乎没有做出什么贡献。与此相反，机长在温尼伯所拿到的签派放行资料，是由未经训练的SOC签派员准备的，他不熟悉F-28运行的特点，其中包含了许多差错，这无疑让飞行机组人员的任务更复杂化。
- **客舱人员和旅客的沉默**。过站的时候，雪在机翼上快速积累，值得注意的是，滑出期间，雪对于乘务员和许多乘客而言都是显而易见的，其中也包括公司两名换乘到温尼伯的休班机长。事实上，这两位机长中的一位在后来向调查委员会作证时说，关于他的疑问，他意识到1363航班会尝试在机翼被如此多积雪覆盖的情况下起飞。没有任何乘务员和乘客尝试将这一信息传送给飞行机组人员。事实上，安大略航空的乘务员以前曾被劝阻，不要将运行事项提请飞行机组人员注意。就免费搭乘飞机的机长而言，调查专员认为，职业专业性的礼貌——对于个人风险是明显的——可能限制他们向机长Morwood表达自己的判断。
- **机组协同**。1363航班的机组没有表现出作为一个完整团队的职业素养，而只是一个个体的集合，这种说法是公平的。这不仅适用于两名飞行员的关系，也适用于飞行和乘务组之间的相互作用。机组资源管理（CRM）训练，旨在培养对于机长以及其他机组成员可用资源最优利用的技能。在事故发生的时间段内，安大略航空公司没有为其机组提供机组资源管理训练。从调查的证据表明，除了客舱人员，在1363航班上至少还有另一个“不快乐的露营者（unhappy camper）”——副驾驶 Mills。报告认为：副驾驶注意到机长的起飞决定，他试图在自己的权力范围内，坚持自己的主张，表达了他的意见，但显然失败了。如果他和其他机组成员接受过正式的 CRM 培训，他们之间的协调可能会遵循不同的途径，这种情况所产生的结果可能也会不同。

在这些失效的防御层描述中还有一个需要补充的趣闻。即使 1363 航班在当天已经实施了除冰作业，最终的结果可能也不会改变。根据加拿大的做法，除冰液本来是 I 型液体，最好的条件下可提供 15 分钟的保护时间。在德莱顿的情况下，这种保护可能会减少到一分钟。II 型除冰液浓度高，可提供更优异的保护。II 型除冰液广泛应用于欧洲，就地面结冰事故而言，被认为是很大程度上保护了令人印象深刻的欧洲安全纪录。因为它价格更昂贵，比 I 类贵 10% 左右，对它的使用在整个加拿大航空行业并不普遍。

不安全行为

不可否认的是，1363 航班飞行机组人员未能发挥防御系统缺陷的最后一道防线的作用。然而，1363 航班坠机所有的不安全行为，并不仅是由飞行机组人员造成的。其他运行人员，包括地面代理人、签派员甚至客舱机组人员，他们的行为或不作为让机长和副驾驶无法获得知情的反馈，而这些反馈信息最终可能遏制他们不安全行为所导致的后果。可以说，很多不安全行为就是系统促成的行为，因此不同人员感知的行为，系统预计从如下获得：

- **机组人员没有进行地面除冰。**未能除冰显然是 1363 航班飞行机组人员出现的最明显的不安全行为。机长 Morwood 的性格偏保守，对于除冰是有意识的，这在公司众所周知。例如，在事故发生的当天早些时候，在飞机机翼上有一层霜，他在离开温尼伯之前曾要求除冰。他穿着衬衣走进航站楼，不可能不知道当时的天气条件。因此，除了诸如“他的经验，他应该知道更好”这样简单的解释，他为什么没有在德莱顿除冰？根据第一章中的论述，机长 Morwood 没有选择做出坏的决定。1989 年 3 月 10 日，他的差错必须在决策所作出的背景和限制范围内进行理解。
- **飞行机组成员无人进行绕机检查。**不过，这也是有所争议的，这种绕机检查是否会起到一定的作用？比如鉴于安大略航空机组在事故发生时对于存在的机翼污染不准确、不完整的知识。

- **APU 不工作，SOC 签派放行。**如果安大略航空 SOC 签派员遵循运行限制——机务维修总监所发出的公司备忘录所记录的运行限制，他应告知 1363 航班的飞行员在这一天本应飞越德莱顿。因为 APU 不能使用，而且没有地面启动设施，所以存在除冰的潜在必要性。
- **SOC 不正确的航班放行。**SOC 提供给 1363 航班放行单包含许多错误，包括从温尼伯错误的最大起飞重量，不正确的燃油数字（用于备降场 Sault Ste Marie），比允许有效载荷更大的不正确的数据。从桑德贝到德莱顿的航段中，在放行单中也发现了类似的差错。在放行单中不准确是平常的事件，飞行员会打电话给 SOC 通知这种差异。因为机长 Morwood 没有和 SOC 沟通任何问题，调查报告得出如下结论，3 月 10 日这一天他完全依靠错误的信息飞行。
- **SOC 没有发布修改过后的天气预报信息。**德莱顿修正后的气象预报，以及在格林尼治时间 16:30 时（东部时间上午 11:30）的德莱顿航站天气预报，两个预报都表明 1363 航班在德莱顿运行期间有冻雨天气。安大略航空 SOC 获取了两个天气预报，而 1363 航班此时正在桑德贝的机坪地面上。这种信息，本可以“诱导”机长飞越德莱顿，但是实际上没有传送给 1363 航班的飞行员。
- **地面代理人没有采取后续跟进行动。**地面代理人对于机长询问除冰设施可用性的问题，并没有采取后续跟进行动，甚至有证据表明他知道机翼都被积雪覆盖了的情况。
- **乘务员没有沟通信息。**航班上两个乘务员意识到雪覆盖了机翼，虽然他们从来没有试图对飞行员讲出这一事实。如稍后讨论，在组织过程中的严重缺陷构成了这些不安全行为的起因，包括行业文化（很大程度上并没有）鼓励乘务员与飞行人员讨论运行事项。

在所有的不安全行为中，可能会识别出不计其数的致因情景和任务等因素（参见第一章），比如糟糕的沟通、时间压力、不足的工具和设备、糟糕的程序和指令、训练不足，等等。个人因素（参见第一章），如专注、分心、错觉、不完整或不准确的知识和误解危险，也是容易被识别的。然而，在这一章稍后会讨论：有缺陷的组织流程和组织中的各种潜伏失效是运行人员犯下绝大多数不安全行为的来源。

差错产生的条件

许多差错产生的条件导致 1363 航班飞行员作出决定——没有进行除冰而起飞，其他运行人员也采取了不安全行为。这些条件是组织潜伏失效的副产品。调查委员会表明组织潜伏失效生成的不只是差错产生的条件。它们也有可能创建一种工作环境——违规是不可避免的，如果运行人员想要完成所分配的任务（参见第一章）。

- **含混不清的运行程序**。这些含糊之处不只是包括飞行驾驶舱的程序，还包括维护和签派程序。含混不清之处包括不完全的信息——关于机翼污染的起飞，一般情况下寒冷天气的运行操作，缺乏关于热加油和除冰的公司政策，以及由管理层未经批准程序的非正式"祝福"——从螺旋桨机队转成喷气式飞机，包括 Convair580 飞行员对于机翼污染的影响根本无动于衷。这些含糊之处与 3 月 10 日的各种事件密切相关。在更大的背景中，调查委员会对于 F-28 运行的整体评价是：……反映出运行程序不是……喷气式飞机运行中所建议的（Moshansky，1992，p 615）。
- **缺乏标准化的运行手册**。一些 F-28 飞行员使用 Piedmont 航空公司的 F-28 运行操作手册，另一些飞行员使用 USAir 航空公司的 F-28 飞行员手册，因为安大略航空没有自己的 F-28 运行操作手册。虽然上述的这两本手册是全面的，都明显地针对同一类型的飞机，但是在这两个承运人的操作程序上也存在大量的差异，给驾驶舱中带来潜在的隐患。调查专员得出如下结论：

> 审查使用的手册后……以及获知许多安大略航空公司的飞行员的证词后，我有一个清晰的印象：安大略航空 F-28 飞行员经常会自己去学会和发现 F-28 运行程序中什么是最好的……这对飞行员造成额外和不必要的负担（Moshansky，1992，p 568）。

- **培训缺陷**。针对飞机翼面污染、冷浸现象和跑道污染等知识，调查委员会验证认为：安大略航空的飞行员对于这些知识具有各自不同深度的认识和理解。缺乏 CRM 培训是调查报告中识别出的另一个缺陷，"……CRM 或同等的培训不能缓解与缺乏管理层稳定性和前后一致指导相关的运行问题（p 620）”。此外对于机舱乘务员培训、地面操作代理培训和飞机加油训练等方面所存在的缺陷也进行了讨论。

- **经验不足的机组成员之间的搭配。**虽然 1363 航班两名飞行员都有相当丰富的经验，但他们是 F-28 机型的“新人”。机长在该机型上只有 62 小时的经验，在 1989 年 1 月 25 日接受了航线检查，只经过 27.5 小时的培训。副驾驶 Mills 只有 66 小时的经验，在 1989 年 2 月 17 日接受航线检查时只获得 29.5 小时的培训。虽然这两位飞行员从法规上是符合运行 F-28 机型的条件，但从事故调查和各类研究中的证据表明：这种对于新机型的机组搭配是存在危险的。
- **机组的沮丧情绪。**对于 1363 航班的机组而言，3 月 10 日并不是一个吉利的日子。APU 不工作以及其他推迟维修的项目，在桑德贝卸油还是减客的争议，一位没有经验的 SOC 签派员，缺乏地面设施的支持，关注于旅客的联程航班，以及地面等待 Cessna 150 飞机的落地，这些都是促成机组沮丧情绪发生的当时条件。调查报告根本没有怀疑：当机长在德莱顿落地后表现出压力的明显症状。压力降低了人对于处理信息的能力。
- **企业合并和企业文化。**安大略航空公司是 Austin 航空有限公司（在北部运行）和安大略航空有限公司（在五大湖提供定期航班服务）两者合并的产物。Austin 航空有限公司是“赢家”或买家，安大略航空有限公司是“输家”或被收购的公司。这两家航空公司几乎在所有方面都截然不同：机队、运行环境、员工队伍、管理风格等。在加拿大北部运行更加严格的运行要求，在加拿大南部相对环境更友好的情况下，两者存在天壤之别，这也反映在飞行员团队中的经验上。再者，由于 Austin 航空有限公司员工是非工会化的，因此责任界定相对不那么明确；而在南部工会化的环境让员工的任务界定更明确。这并不是一场琴瑟和谐的“婚姻”。这两家极为不同的企业文化互不相容，由此造成的后果是持久的，很难改变，正如第一章所揭示的。在其他冲突中，有关于合并两个飞行员团队集中在“加拿大航空公司飞行员协会”下的谈判最终以长时间的罢工（1988 年 3—5 月）而结束。正如许多企业合并后基于经济原则的缩减举措，许多资源极大地被消耗了。在本章的后面还将讨论不同组织过程管理的功效问题。针对 3 月 10 日所发生的事件最直接相关的是：机长 Morwood 来自安大略航空有限公司；副驾驶 Mills 来自 Austin 航空有限公司。调查报告涵盖了如下意见：飞行员之间的工作关系在前两天可能不是很热忱诚恳，随后对于机组协同产生了影响。

潜伏的组织失效

高层管理层三个不同群体对于组织的潜伏失效都做出了“贡献”，最终导致 1363 航班坠机：承运人本身——安大略航空，监管机构——加拿大运输部，以及母公司——加拿大航空公司。

安大略航空公司：公司重组使得员工产生群体焦虑。在这种情况下，高管人员变更、基层员工士气低落、工作绩效变差，这些都对飞行安全产生了潜在的影响。合并后的这个时期是不安的。调查委员会考虑的基本问题是：……在这段动荡不安的时期，安大略航空公司的管理层是否能够支持飞行安全使命（p 407）。

事故发生的前两年，飞行运行的管理层发生了重大的变化。在飞行运行组织内存在着不稳定性，本来预期有一人在 F-28 项目引入和管理中应该发挥重要的作用，但是这个人离开了公司。调查报告揭示了如下情况，有效协调的能力一直是至关重要的，但是与此相反的是缺乏有效协调以及缺乏有效的管理：……（F-28）项目协调合作上的缺陷对于 1363 航班（p 425）的坠机产生了重要的影响。

- **管理层的变更和筛选。**1987 年 6 月至 1989 年 3 月 10 日，在运作管理两个关键领域发生了变更：飞行运行副总裁和飞行运行总监发生了变化。由缺乏管理连续性导致的不稳定性和监督问题，形成了实施引入新飞机类型所需变革的障碍。调查报告引入的证据表明：公司总裁与首席执行官亲自选择所有的高级管理人员，并不总是基于功绩绩优的原则，而是该报告所描述的：一个人的创业管理风格，是从一个小型家庭企业发展过来的（p 429）。一些任用，比如将总裁的近亲安排在关键的管理职位，这是在公司委员会会议上提出的相当多的讨论主题（p 431）。这一过程的结果是安大略航空公司运营管理层是由以下经验的个人所构成：这些人大多是在北部受监管的环境中的包机运行领域积累的经验，而新公司在南部经营，是在放松管制的环境中作为定期航班的承运人：因此安大略航空的经理层也面临经验不足的问题。
- **运行控制。**加拿大立法授予运行控制具有飞行签派和飞行跟踪的职能，包括启动、继续、备降或终止航班的权力。运行控制对飞行人员提供了各项关键的支持，比如通过提供最新的资料，使他们实施安全、高效的决策。这种控制的确是为了防止出现 Morwood 机长在德莱顿的情况。然而，调查报告认为……所有作证的运行控制人员表示：安大略航空对于签派员的培训和资格是不足的（p 728）。经调查发现，当天气很差的时候，当飞机已经使用不可靠性或根据其他不正常的情况时——在这些状况下运行控制本应是一种有价值的帮助手段——但是本案例中 SOC 表现很糟。调查委员会的结论是，SOC 内糟糕的规划和组织……SOC 人员缺乏培训和资格，以及 SOC 人员未能感受到其职能的重要性等这些所造成的后果（pp 731-732）。

· **F-28 项目**。F-28 的引入首次让安大略航空公司的管理层接触到喷气式飞机运输类别的商业定期航班服务。所讨论的管理问题都表现在 F-28 运行中各种缺陷和安全问题上，这些将在本章其他地方详述，其中可分为两个常规领域：缺乏 F-28 标准作业程序、手册和文档；F-28 飞行人员、客舱乘员组和地面支持人员在培训中的不一致之处和不足。

· **项目管理**。F-28 项目经理有责任确保 F-28 计划的执行和运作是得到适当的监控和监督。委任的经理——公司总裁的亲戚——缺乏 F-28 运行经验。另外，他负担过重，超出了合理范围，因为他也有责任作为 F-28 总飞行师、F-28 培训飞行员、F-28 公司检查员［一名咨询顾问雇来充当承运人的检查飞行员，五个星期后就辞职了。在辞职信中，他表示：尽管他本来可以在 F-28 项目中继续工作，但他不能“……发挥我作为检查员的职责，我得不到必要的支持”（p 613）。］、Convair 580 的总飞行师，以及 F-28 航线飞行员。这些组合的责任导致无效的方案管理，使运行标准恶化，低于可接受的水平。调查报告描述了项目经理作为“出于好意的个人”（p 815）。然而必须永远记住：最好的意图，如果未能转化为行动，就和没有意图一样。

· **机务维护管理**。1987 年 6 月至 1989 年 3 月 10 日两年间，维修高层管理层是稳定的。然而，许多维修问题在 F-28 运行中显而易见，包括缺乏这种机型的熟悉程度，以及购买决策中并没有包括充足的备品备件。结合热情和随后组织的过度承诺，这给维修人员和飞行员施加了压力，推迟并执行维护故障都要很长的一段时间。

· **安全管理**。虽然安大略航空公司的使命陈述中包括飞行安全作为公司目标的一部分，调查报告中提出令人信服的证据表明安全人人有责是一种相当随意的方法（如果员工正确做他们的工作，安全将得以优化）。这种简单化的观点——被认为只不过是敷衍大家的空话和烟幕弹——否认了第一章中所讨论的当代航空技术和社会现实；这种现实对于专业安全管理是势在必行的。安大略航空飞行安全官（FSO）在 1987 年年底辞职了，理由是缺乏管理层的支持，包括缺乏接触到首席执行官的机会。他的岗位没有人接替，虽然安大略航空在 1988 年 11 月 DC-3 飞机发生了致命的事故，但直到 1989 年 2 月这个位置仍然空缺。该调查报告包括三个案例，指出了安大略航空飞行安全组织有效性的事宜，也涉及公司所经历的三个事故征候。其中两个事件具有和德莱顿坠机共同的因素。这三个事件中 F-28 的项目经理都作为事件航班中的机长。调查委员会努力评估安大略航空飞行安全方案（或缺乏）如何影响了 F-28 的运行，并识别出与 1363 航班坠机可能存在的联系。这个评价促使调查委员会得出如下结论：

……飞行安全官的岗位缺乏连续性、高级管理层缺乏对 FSO 的足够支持、在相当长的时间跨度内缺乏飞行安全组织，这些都是管理层行为的遗漏缺失……管理层对于填补 FSO 这一空缺的重要性一直给予很少的关注……F-28 引进这一时期的不稳定对飞行安全产生了影响（Moshansky，1992，pp 785-787）。

调查专员对于企业状态事务的评估和 1989 年 3 月 10 日事件的影响没有任何怀疑的余地：

在我看来，德莱顿的场景是合理可预见的（p 531）……安大略航空在 1988 年 6 月还没有准备好就将 F-28 飞机投入作为公共承运人服务（Moshansky，1992，p 815）。

加拿大运输部：加拿大运输部是负责颁布和实施航空联邦规章，提供空中导航和机场服务；认证人员、承运人、飞机和航空产品；监控、检查和审计航空系统的机构。该机构负责确保加拿大人民获得有效的、可接受的航空安全水平。

20世纪80年代对于加拿大运输部而言并不是称心如意的十年。经济放松管制——联邦政府政策——使得工作量骤增，同时，为减少联邦赤字所采取的措施导致部门进行了裁员。这使得该机构看到了自身在监控、检查和控制能力方面的不足。加拿大航空业内不同领域升起了无数的警告标志，但是很少或几乎没有产生影响。人员减少、不足的培训政策和支持方案，以及人力资源管理不善，导致如下状态——加拿大运输部处于及时和有效地履行其职责过程中一个非常危险的境地。

- **对于安大略航空的监管审计**。加拿大运输部对于安大略航空的审计原定于1988年2月实施。虽然适航、乘客安全和危险品部分的审计如期完成了，但是有关运行的部分推迟了，原因是安大略航空没有一份经批准的飞行手册。针对运行部分重新预定于1988年6月进行审计，最终在1988年10月和11月之间进行。因为审计组组长没有喷气式飞机的经验，审计并不包括F-28项目。调查报告认为这是"……一个严重的遗漏缺失"。如果对于F-28已经进行了审核，合理的假设是有关安大略航空F-28运作上的一些缺陷将在德莱顿事件之前被发现（p 997）。尽管联邦政策是完成审计后10个工作日内发布审计报告的，但是这次并没有提供安大略航空的审计报告，直到坠机之后，审计已经完成超过5个月后。调查报告描述加拿大运输部对于安大略航空的审计"……组织糟糕、不完备和无效果的"（p 996）。
- **运行法规**。调查掌握的证据显示，适用于加拿大航空承运人现有法规是"……有缺陷的，过时了，需要大修，并完全取代"（p 1000）。调查委员会识别出的缺陷领域中，或在其中根本没有法规，包括飞行签派要求、最低设备清单、对于乘务员的肩带要求、飞机运行手册批准，以及航空承运人管理人员的资格，等等。听证会还公开了一些含混不清的航空法规和空中导航指令。就MEL而言，没有一个证人可以合理精确定义一个至关重要的条款：基本适航性项目。另一个例子，C-FONF飞机的飞行员携带两本飞机操作手册，形式和内容各有不同，并且没有修订服务页（机长使用的是Piedmont公司的手册；副驾驶使用的是USAir航空公司的手册）。这两本手册没有得到加拿大运输部的批准，因为这里面没有存在法规的要求。加拿大运输部的运行人员在调查委员会作证：他们一致认为现有法规存在不足之处和"……加拿大运输部高级管理层在许多迫切需要关注的领域行动缓慢而且无动于衷……”（p 1006）。

- **安全管理**。调查显示，由于资源的限制，不足的监管架构和组织缺陷，加拿大运输部不能够完美地确保高效、统一的安全水平。所发现的缺陷包括向本组织的高层报告存在明显的分隔线，内部不同群体显然无法一起合作来识别和解决安全的事宜。调查委员会也表示：加拿大运输部“……花太多精力在没有什么安全后果的轻微违规方面，而不尽最大努力到全面的教育和安全促进上”（p 1043）。

加拿大运输部：

- 没有就有关承运人和机组关于除冰的需要提供明确的指导；
- 没有强制执行有关受污染跑道的性能数据；
- 合并后以及喷气式飞机服务开始初期，没有密切监察安大略航空公司的法规遵从性要求；
- 没有要求飞行签派员执照认证和有效的培训；
- 未提供管理职位候选人资格的明确要求，包括飞行运行总监、总飞行师和公司检查员等；
- 没有为航空承运人监察员制定培训和运行政策优先次序；
- 延迟对于安大略航空的审计，而且并没有包括 F-28 项目；
- MEL 的审批过程过于复杂；
- 没有明确界定什么构成了基本适航项目。

加拿大运输部的疏忽和缺陷，造成了事故机会发展的轨迹，并结合 1989 年 3 月 10 日当地的触发条件，打破了系统防御层、堡垒层和保障措施，促成了事故的发生。

调查委员会得出了如下结论：

> ……安大略航空作为商业航空承运人，不是在真空中运行。加拿大运输部作为监管机构，有责任防止 F-28 项目运行中的严重缺陷……如果监管机构能够更仔细地审查安大略航空 F-28 项目的实施，更多地对于 1363 航班坠毁具有影响的很多运行上的缺陷进行研究，那么事故是可以避免的。（Moshansky，1992，p 438）

加拿大航空公司：加拿大航空公司拥有安大略航空公司的控股权。安大略航空公司作为加拿大航空公司的一部分在市场上销售，加深了公众对这家一体化综合性公司的印象。加拿大航空公司在营销职能上做出的许多努力表明：这两家公司目前紧密结合。这些营销的努力已经取得了一定成效；很多 1363 航班乘客认为他们实际上是搭乘加拿大航空公司的飞机。在 1363 航班坠机事件上，调查委员会提出：缺乏将加拿大航空公司的专业知识应用到安大略航空 F-28 项目喷气式飞机运行的问题。调查报告中的证据表明：……这些举措中根本没有任何方式是针对验证和监控其新的子公司运行程序和飞行安全标准的。相反地，加拿大航空公司刻意地让自己和安大略航空公司的运行保持距离（p 818）。

由加拿大运输部定义的监管标准——和任何其他民航当局——代表了最低标准，在调查报告中称为是运行安全的入门阈值水平。证据表明加拿大航空公司运行的安全水平比加拿大运输部所要求的要更高。证据还表明，加拿大航空公司的管理层“……对安大略航空公司的要求是自身高的营销标准，要求安大略航空公司只要遵守加拿大运输部的入门阈值运行安全标准”（p 835）。

调查报告讨论了加拿大航空公司缺乏对于安大略航空公司的支持，比如在引入喷气式飞机服务的期间，并比较了具体领域的标准，比如 APU 不工作的签派运行政策、最低设备清单、手册、飞机缺陷、热加油的政策、除冰政策、运行控制和飞行规划，以及签派员培训等。这些证据表明加拿大航空公司和安大略航空公司之间存在双重的安全标准。

调查报告还审查了加拿大航空公司的飞行安全组织和其参与安大略航空公司的情况。尽管加拿大航空公司在喷气式飞机服务方面（几种飞机类型）有着丰富的运行经验，但这种经验没有用到安大略航空所推出的 F-28 服务上。加拿大航空公司计划提供其援助只限于提供飞行安全和飞行数据记录器播放设施有关的信息。在实践中，这种意图进一步缩小为事故后的响应会议，1985 年办过一次，另一次是在 1989 年 5 月，德莱顿事故后三个月。该调查报告还详细叙述了加拿大航空的飞行安全组织，没有余地怀疑它的重要性和公司对于支持该组织的承诺。双重标准再次变得非常明显，当检讨安大略航空公司的飞行安全组织时，加拿大航空公司飞行安全主任作证说，他有印象安大略航空公司有一位飞行安全主任，但该公司并没有。他还认为，电脑记录和趋势分析在安大略航空公司是存在的，但实际上不是。当被问及飞行安全组织在两家公司之间融合的程度时，他承认并没有太多融合。最后，加拿大航空公司在安大略航空公司董事会的代表似乎没有意识到，F-28 引进的关键时期，超过一年以上，安大略航空公司没有设立飞行安全主任或飞行安全组织。

调查报告总结如下："……证据还表明，加拿大航空公司对于子公司安大略航空公司飞行安全方面参与度极少……此外，加拿大航空公司没有给安大略航空公司灌输自身更先进的飞行安全行为准则。"（p 784）

从而得出如下结论：

> 加拿大航空公司和安大略航空公司的企业使命中都将安全放在首位。调查证据显示企业对于其他方面也很关注，通常被允许干预和使安全处于附属地位。加拿大航空公司和安大略航空公司在营销领域，相比安全运行，注意程度和资源投入存在区别，根据他们各自的安全使命，被认为是不足和短视的。（Moshansky，1992，p 853）

因果关系通路

之前分析反映的因果途径模型，图 3.4 通过视觉图呈现出来。潜伏失效成为系统健康状况的标记（见第一章），图 3.4 显而易见。如第一章所示，如果我们可以以某种方式"冻结"系统和删除下面框中左手边模型标签"本地的工作条件"，即：如果显性失效被移除，那么 1363 航班的坠机就可能不会发生，有缺陷的组织流程及潜伏失效仍会存在。鉴于"疾病"的程度，隐藏在系统中的多种"病原体"，德莱顿事件会发生在其他地方。相反地，如果我们能去除模型中的右侧信息，左手边的信息也会消失。这些对预防工作的影响应该很清楚。

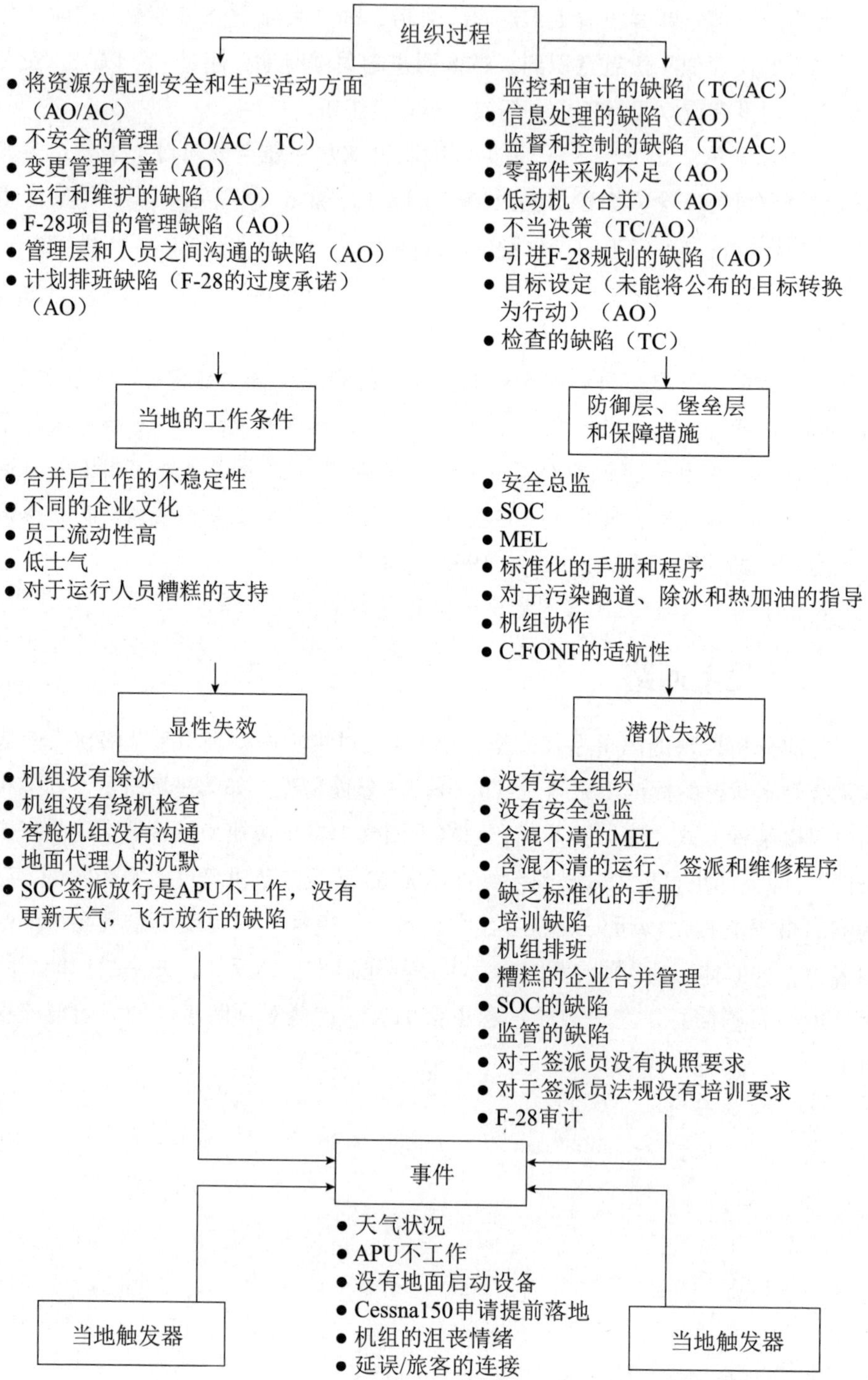

图 3.4　因果关系通路（AO: 安大略航空公司，AC: 加航；TC: 加拿大运输部）

结　论

当调查委员会快要结束使命时，超过 20 个月艰苦的岁月所获得的证据和讨论带领 Moshansky 法官得出以下结论：

> 机长 Morwood 作为责任机长，必须承担在德莱顿决定降落和起飞的责任。然而，同样明显的是航空运输系统的失效，把他放在如下情况下——他没有得到应有的支持使他作出正确的决定（p 1131）。

本段声明就是保证和推进现代、复杂社会技术系统的安全性和有效性的关键。Morwood、Mills、乘务人员、SOC 签派员、地面代理人和其他围绕 1363 航班参与运行事件的人员，作为最后一道防线，其作用失效，从而引发事故。为此，他们必须承担责任。如果我们正在寻找替罪羊，我们不需要走得太远。但是如果我们是为了避免今后发生像德莱顿这样的悲剧，而不是把所有灰尘都扫到地毯下，我们必须检查组织的过程，这些过程在系统防御层中产生漏洞，诱使具有适当资格的、健康并且善意的个体犯下这种破坏性的错误。从调查报告中传递的消息是两重的。一方面，应该没有疑问：对于受过适当训练、专业飞行机组人员仍然不可替代。他们是航空安全的守门员。另一方面，无论他们如何努力尝试，不管他们如何专业、如何小心和关注，人类永远不会超越束缚和限制他们的系统。如果是场比赛，系统缺陷迟早都会打败个人的表现。

附　言

调查委员会对于安大略航空公司德莱顿坠机的最后报告，以及调查过程本身，在加拿大国内引发了很多的争论。该调查报告在加拿大航空业引起了复杂的感情交集。这对于警觉观察者不足为奇，因为通常这种情况是即将要发生变化的时候。毫无疑问：1989 年 3 月 10 日，加拿大航空系统失效，很大程度上是其设计中的缺陷所导致，其特定一天的表现在某种程度上凭借其潜在的缺陷，是能够预计到的。该报告承认这些事实，并因此成为实施变革的起始点，不仅在加拿大航空系统，而且很大程度上也在其他地方建立了航空事故调查和事故预防的方法。

在最后的分析中，这场争论已经无关紧要了。不难理解，其中许多人是在不情愿或不知情的情况下促成事故的发展通路，在调查报告被公开的同时开始否认拒绝的过程中，他们忘记了一个简单的事实，无论我们怎样拒绝承认现实，但现实依然占据优势地位。1989 年 3 月的现实是——有无德莱顿的事故，有无 Moshansky 专员的调查报告——航空系统里就存在许多的缺陷，基于许多不同的原因，一直未被发现。这些缺陷最终导致 1363 航班发生坠机和导致 24 人丧生。该调查报告只是将这样的缺陷公开化了，以便它们能得到妥善的处理和解决。

在结束本章时，有必要做一警示：这一章可能传达给读者（不熟悉加拿大航空系统和其组织）如下概念，类似于一只多头的怪物潜伏在黑暗中等候它的猎物。这种概念就是真相。加拿大航空系统，尽管 Moshansky 专员和他的团队发现了所有的缺陷，在国际航空界中依然是最安全的。此外，加拿大运输部在国际民航组织 182 个成员国中是最主动、安全意识较强的民用航空行政当局之一。这两个事实只会加强这本书的论据，像在航空领域这种大型系统中，人与科技之间积极互动从事生产活动，就会存在固有的弱点或漏洞。我们还是要建议采取组织性的办法，以确保当代航空的安全性和有效性。

德莱顿事件六年之后，很多人都从中学到了它的经验教训。如第一章所示，德莱顿事故是一个时代的曙光。最引人注目的是加拿大和澳大利亚，作为事故调查系统性方法真正的先驱者（见第五章）；此外，美国、芬兰、瑞典和法国等按照国际民航组织采用的 REASON 模型作为一种安全预防工具，和许多国家的事故调查机构一样已经接受了事故调查的组织性方法模型。在这样做的同时，他们领导国际航空界迈向一个更安全、更高效的航空系统。

致　谢

我们想感谢 Peter G. Harle 细心、有条理、有洞察力地审查这一章的草稿和他高度聚焦的反馈。我们还要感谢 Stephen Corrie 的评审和对早期草稿提出的意见。

参考资料

Moshansky, Mr. Justice (1992) *Commission of Inquiry into the Air Ontario crash at Dryden, Ontario.* Final Report, Ottawa, Canada.

第四章　BAC1-11 风挡玻璃事故

引　言

每当我们祝福某人“好运”时，我们也要承认生活中不论我们如何努力，都会受各种随机的影响，有时好，有时不好。本案例研究显示了机会的两面性。

在寻求对于令人费解事件的解释时，人的心灵“……是倾向于假设世界上存在比它发现的更多的秩序和规律”（培根，1620 年）。一种简化世界的方式是假定：原因与后果之间程度量级具有对称性。面对可怕的人为灾难，像博帕尔化学品泄漏事故、切尔诺贝利核泄漏事故、塞维索化学爆炸污染事故和自由企业先驱号轮船翻船事故等，看上去很自然地去寻找一些不负责任或无能的同样可怕的行为作为主要原因。但对于复杂系统中严重事故的详细研究就很少揭示：存在任何重大缺陷或明显的罪犯。我们通常发现，是运气，在很大程度上不能预见地串联起许多不同的因果因素，这些因素没有一个具有充足条件，也没有一个本身甚至特别显著，但每个因素都是促成最终结果所必要的条件。

机会不做道德判断。坏运气可以折磨那些本应值得拥有更好运气的人。我们相信，这真的就是英国航空公司维修工程师在伯明翰所遇到的情况，工作系统和一系列错误行动导致了飞机左风挡玻璃脱离，酿成近乎灾难性的事件。机组人员的好运和迅速采取行动，这些在挽救机长生命的过程中（他部分身体被吸出窗外），乃至飞机上的乘客和机组中都发挥了重要作用。

这次事故的矛盾特征之一，就是很多致因因素的根源在于在其他情况下被视为有价值的优势。下面列出这些特征：

· 接班机务维修经理（SMM）不喜欢他从风挡玻璃窗口卸下的螺栓的外

观，因此不辞辛苦地替换新的螺栓，尽管在此过程中他发现了寻找新螺栓的问题。如果我们想鸡蛋里面挑骨头的话，SMM 高度认真，喜欢到一线干活，尽管他的主要职责是监督和行政工作。众所周知，他常常长时间加班工作，并且高水平致力于完成工作。

- 与伯明翰的维修工程师紧密合作，维修 13 架老龄的 BAC1-11 飞机，还包括当地的其他 BAC1-11 机队和 HS 748、ATP，以及第三方的各种飞机。团队的工作量和士气都很高。他们通过五个轮班班组完成这些工作，班组之间互相竞争而感到自豪。就是这种热情，本地管理层曾屡次提醒，尤其是夜班人员，在可用时间内要谨慎不要尝试更多。
- 飞行人员和维修人员之间存在很好的合作关系。双方都致力于保持飞机安全、飞行航班计划准点。然而，因为手册和零件目录图解手册（IPC）有时是过时的，某种程度上工程师们依赖于他们的专业判断。简而言之，员工队伍认为他们的工作需要根据他们的技能灵活应对迅速变化。但这并不意味着对于飞机机务维护马马虎虎。他们依据“有任何疑问就停场”的原则。工作需要大量的迅速反应，员工对这方面的工作也乐此不疲。

事故概述

1990 年 6 月 10 日，英国航空公司（BA）航班 5390 从伯明翰出发，在飞往马拉加（Malaga）途中爬升通过 17300 英尺时，在座舱压力的作用下左风挡玻璃被吹掉。机长半身被吸出了飞机，幸好被客舱乘务员及时拉住，最后副驾驶操作飞机安全降落在南安普敦机场。机长直到飞机降落时，半身仍在风挡玻璃框架中。他的右手臂和手腕骨折，左手拇指骨折，伴有瘀伤、冻伤和休克等症状。此外，整个事故中没有其他严重的伤亡情况出现。

该飞机是 BAC1-11 系列 528L。它于 1977 年制造，机身飞行时间为 32724 小时，离下一次检查还有 41 小时。

航班始发之前，伯明翰维修基地更换过风挡玻璃。后来发现用于固定窗口的 90 个螺栓中有 84 个均小于规定直径。在我们的概述中，导致了这场几乎就是灾难性事故的各类事件如下：

- 夜班人手不够，SMM 决定自己进行左风挡玻璃的更换。他查看了维修手册，以刷新他的记忆，而得到的结论是，这就是一项简单明了的工作。

· 在航空电子设备主管的帮助下，他移除了旧的风挡玻璃，因为有些螺栓在此过程中掉漆或损坏了，他决定将这些螺栓全部更换掉。
· SMM 手中拿着已卸下的 7D 螺栓，翻遍了受控的航材仓库抽屉（carousel），通过视觉和触觉想精确匹配抽屉里的材料和卸下的螺栓。但在抽屉里只有 4—5 个螺栓，他需要超过 80 个的数量。
· 他提请仓库保管员注意抽屉里面的材料数量低于所需最低 50 个的要求。仓库保管员告诉他（正确地）这项工作所需的是 8D 螺栓，但没有跟进这件事。（在抽屉中 8D 螺栓数量不够，尽管没有寻找。）
· 因为 7D 螺栓已经从旧的风挡玻璃卸下，所以 SMM 决定将用相同的螺栓替换它们。
· SMM 开车约两英里回到了国际候机楼，他的办公室位于这里。他想收集必要数量的 7D 螺栓，再加上 6 个长螺栓把风挡玻璃固定在外整流罩板上。
· 他拿着卸下的 7D 螺栓作比较，在一个几乎全满的没有人看管的抽屉里核对它。他认为旧的和新的螺栓是匹配的。不幸的是，他发现的新螺栓是 8C 规格，比他目标 7D 螺栓要更长更细。
· SMM 回到了机库，单手更换 60 磅的新风挡玻璃，并且使用了不正确的螺栓。因为都是椭圆形的螺帽，所以在扭螺栓的时候他没有检测到任何问题。他也没有注意到：螺栓固定到位后，可见大量的埋头孔。

因果分析

为了符合在这本书中早些时候的实践，因果分析将始于对缺乏防御层或防御层失效的思考。接着讨论 SMM 所采取的不安全行为、当时的差错和违规执行的条件，以及组织和管理的潜在因素。

缺乏防御层或防御层失效

这里还有一个关键的问题：对于错误地安装新风挡玻璃的问题为何在 17000 英尺被吹走之前仍未被发现？几个因素的共同作用产生了这近乎灾难性的路径，而且穿透了围绕在英国航空公司和其他主要航空公司飞机维修领域中精心设计的防御层：

- 关于 BAC1-11-500 型飞机的英国民用适航要求规定，在某些关键的维修操作后，需要进行重复检查。1985 年，英国民航局（监管机构）要求在关键点引入重复检查。这些关键点被定义为飞机上的任何点，单一装配错误就可能导致灾难，即造成飞机损失和/或人员死亡（AAIB，1992）。然而，这并不包括更换风挡玻璃或其他多个紧固件。但是，事故调查人员指出，风挡玻璃具有其独特的性质：第一，能够适应不正确的安装而没有被发现；第二，这些故障如此明显地暴露出来时，需要承受特定的压差。如果是其他项目，选择错误的螺栓在安装过程中很可能已经被发现，或最终结果可能不会那么严重或具有创伤性（AAIB，1992）。
- 风挡玻璃设计是用沉头螺栓固定，符合英国标准（BS）A211-8D。英国标准规定 BS 数字和螺栓件号，应显示在螺栓包裹的标签上，而不是螺栓本身所示。但是 8D 螺栓在抽屉里很随意地摆放着。
- CAA 民航局或维修手册中没有规定窗口安装后进行压力检查的要求。
- SMM 的执照，他所在的监督岗位、自我资质政策和公司授权，都是民航局授予的，这些都意味着他能够放行飞机，无须对自己的工作进行重复检查。他只需要在服务认证部门（Service Certificate）预先印制好的放行单上写上一份简短的声明："更换风挡玻璃，航空安全报告付诸行动，（风挡玻璃加热系统）功能检查符合要求"，并由 SMM 自己进行签署，从而完成必要的文书工作。SMM 是上夜班的所有人员中所做工作唯一不需要维修经理审批的人。

但是没有任何防御层系统是完美的。这些不完美的防御层都有些小漏洞，不存在巨大的漏洞。每个单独的防御层都经历了时间和实践的考验。但这些单独的缝隙，不可思议地在这次夜班中形成了事故契机的通路途径。

在调查报告中，英国航空事故调查局还识别出在伯明翰飞机维修中保障层和堡垒层的其他弱点。这些都源于他们的信念：在风挡玻璃安装过程中有关的不安全行为都不是一次性的，而是更广泛的程序遵守性及质量标准出现了不适的症状：

- 英国民航局飞行运行监督部门的检查早在一年前就开始了，但并没有发现任何严重的工程问题。AAIB 认为，这项检查太浮于表面了，无法检测到标准出现了下滑。

- 两年前（每年两次文档审计），英国航空公司在质量监控程序下进行的质量审计。该审计团队的意见是在为期两天的实地访问过程中，该机构符合工程设施的高标准。该团队提出了 7 个观察意见，都是些很小的与飞机相关性的事项。从 AAIB 报告得出的推论是，这次审计不足以揭示所谓的系统失效。
- 质量监控程序是英国航空公司于 1987 年引入的。它有三个主要组成部分：当地的基本情况，其中列出了职责和工作地点；通过质量监控缺陷报告（QMDR）系统连续监控缺陷；在事先规定好的时间里进行产品抽样，报告发送到质量总工程师那里。AAIB 认为，这些程序本应识别出造成这次事故的一些情境因素，比如在国际区未受控抽屉中的螺栓未设置标签及隔离、工作平台（安全梯）不足和不适当的力矩工具等。
- AAIB 声称，区域维修经理未能直接监控伯明翰站工程师的工作标准。该站维修经理未能直接监控个别值班维修经理所使用的标准。英国航空公司高级管理层对于这两个看法都提出了争议。

这里不是讨论这些事项是否代表有效或真正有影响力的防御层失效的场所。将会与事故调查联系起来并涉及更广泛的问题，这将在本章结束的时候再来讨论这些。

不安全的行为

毫不含糊，一些不安全的或至少偏离程序的行为，导致风挡玻璃被错误安装。调查所有各方，包括 SMM 都对如下几点表示认同：

- 没有查阅 IPC 获得正确的螺栓尺寸。
- 未能注意到仓库保管员对于 8D 螺栓的建议。
- 通过看及触摸的比较来选择螺栓，这种方法不当。
- 在未受控的抽屉里面错误辨识螺栓。
- 设定为 20 磅力 · 英寸的扭矩，而不是指定的 15 磅力 · 英寸。
- 通过螺栓头差异或通过扭矩“感觉”的线索，未能发现错的螺栓固定附件。
- 第二天，当 SMM 使用已经补充了的 8D 螺栓安装其他风挡玻璃时，未能意识到他之前的错误行为。那时风挡玻璃安装错误的飞机尚未执行航班。

对于这个大家同意的显性失效清单中应增加一条：SMM 决定承担装配风挡玻璃的工作，而后很大程度上是单手执行任务。这些显性失效将在下面详细讨论。

没有查阅 IPC。这与其说是差错，不如说是违规。这两种不安全行为有着截然不同的心理，虽然从事故报告中它们有时很难被区分。违规行为是蓄意计划行动偏离规章规定的或必需的做法。如本例中没有恶意，它们当时看起来是个好主意。也许最常见的形式是日常违规行为：任务相关点之间采取走捷径的方式。

SMM 在发言中，对他为什么选择了这条捷径解释得很清楚："我觉得卸下的螺栓是正确的螺栓，这符合规定。如果从 IPC 来找到正确的件号，这会占用我的时间，我认为就当时的情况不应该如此。"这些可能是不值得肯定的情绪，但是完全可以理解。毕竟，至少有 78 个固定旧风挡玻璃的是 7D 螺栓，他正确地在航材库识别出它们。此外，他们的确在螺母之外发现了三条明显的螺纹线，并且在过去四年里出色地完成了这项工作。他们也没有在拆除时觉得螺栓偏短。

这次事故发生后大约两年，在和 SMM 沟通中，他被问及在他的工作中有多少次是依靠自己判断的，因为手册和其相关联的 IPC 是过时的或信息非常糟糕地呈现给维修人员。他回答这种情况经常发生并解释说，对于 BACl-11 的 IPC 是从英国金狮航空（British Caledonian）公司继承的，存在许多问题，他们已经花费了相当多的时间进行纠正。不过，这不是他没有查阅 IPC 的借口，但他确实为这次违规找了一些理由。

如果他曾查阅 IPC 那么可能发生什么，这一点值得思考。第一，IPC 相关章节仅显示了所讨论的使用 7D 螺栓固定风挡玻璃。很可能，只简单地看一眼这张照片就能证实他最初的判断。但假设他读了图例中的小字并正确识别出应使用 8D 螺栓，那能否阻止这次事故的发生呢？不一定。受控的航材库中，8D 螺栓和 7D 螺栓一样，几乎没有区别。毫无疑问，他会去非受控的航材库，通过观察和触摸的选择方法（鉴于航材库的状态，那几乎是唯一的选择），同样选择 8C 螺栓。他也有可能选择抽屉内新的 8D 螺栓，虽然这不太可能。在新的环境中，他们很容易受到螺栓头直径的影响。第二，SMM 为什么未征询基于计算机储存的库存系统——TIME（工程总库存管理系统）。理论上，这个系统可以识别出一个件号，然后找到该部件位于哪个抽屉中。实践中，TIME 系统相对较新，员工对其不能完全信任。此外，现实和库存记录之间经常存在差异，因为有时有人拿走了部件，但计算机上并未对数目进行更改。

未能注意到仓库保管员的提醒。这和未能查阅 IPC 一样，都是基于规则的差错。这些差错误用了常规问题解决规则，而未能注意到局部的反指示（Reason，1990，pp 74-79）。在这种情况下，基于经验上的一般规则是“用相似的进行替换”，反指示则是 IPC 数据和仓库保管员的建议。对于没有查阅 IPC 的原因已经进行过讨论。没有对仓库保管员的说法采取行动的原因很多是涉及两人的个性，以及他们之间交流的情况。

在和 SMM 面谈时，他被问及：“你是否听到并注意到仓库保管员对于 8D 螺栓的建议？如果是，为什么你没有采取行动？”他回答：“是的，但是它（仓库保管员的建议）更多的是临别时不友好的话，而不是建议。仓库保管员想告诉我们应该如何做，但有时候他是对的，有时候他不对。他对有关仓库程序的批评非常敏感。他的话是：‘无论如何，大多数人是使用 8D 螺栓来完成那份工作的’——这是我批评了 7D 螺栓低库存水平后的回复。讽刺的是，8D 螺栓的抽屉也是空的。”

不合适的螺栓选择方法。在此次事件中，这个糟糕的判断方法被证明是 SMM 的主要祸根。然而，鉴于他打算立即获得螺栓，为了及时完成这项工作，很难看到在未受控的航材库中他所能采取什么其他的方法。

错误区分螺栓。这是个感知上的疏忽，在光照不均和视力不佳的条件下，未能区别这些非常类似的物品。SMM 描述了当他到达未受控的航材库时，发生了什么事：“我开始寻找我以为 7D 螺栓会存放的地方。我打开抽屉开始翻找。我手中拿着卸下的螺栓，与新的螺栓进行匹配，把它们在我左手排开，然后用我的右拇指和食指，检查两个螺栓顶部和底部，主要是比较它们的长度。我可以解释这种不匹配是怎么发生的，唯一的理由是旧的（已卸下）螺栓是黑色的，它有一个漆环。这个漆环使得螺栓头的直径看上去比实际的更相似。”

20 磅力 · 英寸扭矩设置。SMM 松螺母的经验显示，额外的扭矩本来会更安全。如果这实际上是一个差错，那么它会被考虑但却是错误的判断。应该强调的是，尽管是不明智地，SMM 运用他的工程管理判断，来实现更安全的飞机。

未能发现错误的螺栓。这是 SMM 自己认为最难解释的差错。此外，这是区分的失效。他认为：“我不知道我为什么没有发现螺栓头和沉头的差异。我很自责，但我无法解释。也许我被时间和其他正在进行的作业的进度分心走神了。”

第二天缺乏意识。由于都是 BAC1-11 机队，令人惊讶的是 SMM 丝毫没有发现这种附件差异。他还评论说，过去他在皇家空军服役期间，基本规则是永远不会使用太长的螺栓，因为存在压力密封破裂的危险。他认为前一天使用 7D 螺栓似乎是正确的，因为在螺母外有三条螺纹线。

自己承接工作。调查期间，从他们的交谈言论中可以看出，并不是所有的 SMM 都会自己承担这项任务。这位 SMM 的个性在整个决策中发挥了重要作用。如果它也是个失误，那 SMM 对他的工作显然是过度热心了。他很喜欢“亲身参与”。正如他自己承认，这是不太明智的做法。用他自己的话说，它可能影响了他从外面观察工作完成情况的能力。如果他采取更超脱的态度，他也许并不会那么担心完成风挡玻璃更换的及时性问题，因为那天风挡玻璃的清洗时间被预定为 06：00。周六是安静的一天。这项工作本可以被推迟。但令他记忆犹新的是，一周前，他和机坪经理出现了分歧，那次清洗被取消。他不想再次发生。这似乎已经影响了他的判断——关于独自一人承担风挡玻璃更换的问题，很大程度上没有人帮助。他自己承担了许多事情，正如这些事件所表明的那样，甚至更多。

SMM 最后说：“我经常被头脑中的各种想法搞得心烦意乱。当你关注于时间，想知道其他夜班作业如何进行时，你的头脑就游离于手中这份工作了。”

差错产生的条件和局部行为表现的塑造因素

差错通常不会突然出现。对于它们周围条件的检查通常会揭示出大量的促成它们发生或阻碍它们被发现的局部因素。以下列出的是在此事故序列中的一些主要的差错因素：

- 国际区域内的未受控航材库情况很糟糕，很多抽屉上标签并不准确。408 个抽屉中只有 163 个抽屉符合标签上描述的内容。当然，事件中 SMM 并没有查看标签，依靠视觉和触觉匹配螺栓。
- 这种匹配过程受两个因素的影响：第一，该区域光线不佳，当 SMM 试图匹配螺栓时，光来自背后；第二，SMM 是老花眼，需要眼镜才能看清近处的工作。但当时他没有戴眼镜。
- 校准的表盘指示扭矩扳手不可用。虽然仓库保管员为完成风挡玻璃更换任务主动添置了专用的扭矩限制螺丝刀，但货品到达后却发现它的校准过期了，无法使用，正打算将其发送至伦敦标准室进行复位。在没有任何其他合适工具的情况下，仓库保管员将螺丝刀按照SMM的要求设定为20磅力·英寸并且发给他用于风挡玻璃作业。SMM使用两种扭矩检查仪器检查设置了两次。

· SMM使用四分之一英寸双六角套筒用于将2号梅花螺丝刀头固定到螺丝刀手柄上。但是套筒无法固定螺丝刀头，所以SMM必须用一只手将其固定到位。在安装风挡玻璃过程中，螺丝刀头掉了好几次，SMM不得不从安全梯（让他完成这份工作的移动平台）上下来，重新捡起它。为了执行这项任务，他不得不横卧在飞机机头上，而他的左手（保持螺丝刀头固定在套筒内）挡住了他观察螺栓头的视线。
· 安全梯没有正确摆放在飞机旁边。这意味着SMM不得不将身体倾斜出安全栏，以便完成这项工作。由于这种不舒服的位置和左手挡住了螺栓头，SMM不能直接观察到螺栓螺纹是否是在固定螺帽当中转动，只能靠扭矩限制螺丝刀来感受，当旋转手柄时保持扭矩轴固定。螺丝刀转动的感觉就是他所期望的那样。手的位置限制了他对于沉头差异的观察。

这些情境因素会带来三种严重的后果：第一，它们造成航材库零部件不匹配的可能性；第二，它们让SMM很难发现此差错；第三，它们使SMM无法意识到自己在安装过程中的差错。

组织因素

组织因素起源于“上游”——不同的工作场所。它们是关于设计、制造、管理、标准和程序、战略目标、监管之类的可能引起个别差错和违规的工作场所条件的决策结果。其中一些内容已经在“失效防御层”部分进行了讨论，还有一些，如下：

· 替换的风挡玻璃一直使用7D螺栓。近几年，7D螺栓已经被默认为适用的紧固件，但它们不是推荐的紧固件。SMM把7D螺栓作为他的寻找目标，并且使用了观察和触摸方法，这种惯性思维让他更容易出现差错。
· 即使SMM查阅相关的IPC页（可在缩微胶片阅读器上观看），他也无法找到清晰的模型。IPC相关页面显示了飞行员的1号风挡玻璃和相邻的直视（DV）窗口概图，但唯一的螺栓实际上是一个A211-7D螺栓的插图。该窗口的附件显示了几个修改状态的文本，从那里可以识别出螺栓应为 A211-8D。很有可能看一眼此页只是为了证实 SMM 的意见——卸下的 7D 螺栓是适当的。但即使他读了这些文字，识别出正确的应该是 8D 螺栓，在受控的抽屉里，8D 螺栓也是不够的。在这种情况下，他有两个选择：要么订购足够供给的 8D 螺栓，推后完成这份工作，直到产品到货；要么继续搜索未受控的仓库，产生同样的后果。鉴于时间压力（原计划当天 06:00 清洗飞机），他可能会选择后者。

· 虽然已在伯明翰安装了 TIME（工程总库存管理）系统，但员工对其不信任，如前所述。
· 如果受控仓库中库存足够，几乎不需要说事故是可以避免的。
· 未受控航材库的存在，其不准确的标签，和 SMM 获得所有螺栓非程序化的方式，都表明飞机通用仓库（AGS）在伯明翰的管理中存在基本问题。
· SMM 的工作主要是行政管理和监督。不过，有的场合，他也进行“动手”工作。这种混合的角色很不舒服，监控其他工程师和执行在手中的任务等都会分散“动手”工作情况下的注意力。
· SMM 所犯的差错是可以避免的，如果新的风挡玻璃带有正确的紧固件连接。有多个附件的物品，比如像风挡玻璃，可以打包为一个单元，其中就包括必要的紧固件。
· 虽然所有的设计都是一种妥协，但它的确会出现在风挡玻璃安装在机身外侧，当压力加载来自内部，此实例所表现出来的是作为潜在的设计缺陷，虽然不是独特于 BAC1-ll 这一机型的情况。然而，英航管理层已经建议：安装这种类型的插头可能更容易遭受鸟击的影响。
· AAIB 识别出他们所认为的在报告和评价结构中的组织缺陷。他们认为，区域维修经理（AMM）没有直接监控 SMM 的工作，而是依赖审查 BAC1-11 机队产品样本、质量监控缺陷报告 QMDR 和各种性能参数，比如重复性故障和 ADD 等。基地站维修经理直接负责 SMM 的工作，但受限于这个角色（AAIB 声称的）。第一，他与 SMM 是同一级别的；第二，上夜班他很少出现。英航管理层对于这种说法提出质疑，表示 SMM 被 AMM 所评价，后者清楚地知道其技术和管理的能力，以及他们交班所产生工作的质量和数量。

随机失效和系统失效

这次事故的特别之处在于，其原因有多个解释。AAIB 提出了两种极端的选择：

- 随机失效理论：SMM 的差错和违规是“一次性”的，之前出现过的失误或不良的工作状态都不对此次事故具有预兆性。
- 系统失效理论：不安全行为是 SMM 通常的做法，以前也被察觉到，但都被原谅或由于糟糕的监控和监督没有被发现。

在 AAIB 公布的报告中，他们得出结论，真相存在于这两个极端之间的某个地方：“系统的因素是，接纳 SMM 使用低于标准的做法有一段时间了，感知性的差错产生了随机元素。”然而，他们的调查报告更多地支持系统失效理论。那么在什么情况下，这种结论是有道理的呢？

没有任何“小妖怪（gremlin）”的系统是不存在的。所有技术操作受到潜伏失效的困扰，伯明翰维修设施也不例外，通过上述讨论的当时当地和组织因素可以作证。然而，AAIB 更关注的是 SMM 的行动可能只是文化上的一种已有症状，对于糟糕的工作做法要么宽恕，要么漠不关心。至此，它们意味着是一种文化，实施个人判断，而不是一字不差地遵从规定的程序，这是可以接受的。

组织就像动物物种。为了生存和繁衍，它们需要适应当地的条件。伯明翰维修设施核心运行的主要工作是保持老旧并经过多次更新的 BACl-11 机队既安全又准时。为了能成功执行此操作，正如他们大多数人所做的，有必要灵活和高效完成工作。在这个相对较小和紧密联系的组织中，每个人能看到他努力的结果——飞机离开机库准备就绪。因此，士气和工作负荷很高实在不足为奇。当我们感到有价值并能看到我们努力的直接结果时，这两件事会同时发生。

这次事故和生成的调查为我们提供了伯明翰文化的及时快照：倒班的画面，高满意度和老旧飞机产生的收入之间一种竞争的骄傲，大部分时间的安全飞行。基于这种热情，本地管理层屡次提醒，夜班不要在可用时间内鲁莽完成更多的工作。

这是有缺陷的组织文化的症状吗？事后看来，如果你相信，飞机维修的所有方面可以完全程序化。如果你认识到倘若每个人像 SMM 一样是根据他们专业的判断而获得收入报酬，而不是根据他们能够阅读并遵守程序，那么你就会发现飞机维修的所有方面是无法完全程序化的。然而，在这里就是苹果中的虫子——判断有时会出错。但也可能是程序错了，正如核电工业已暴露出来的。从 1983 年和 1984 年（INPO,1985）发生的事件调查中，核电运营研究所识别出 387 个根本原因，要为 180 个重大事件负责。其中 52% 被列为人为因素问题。在这些人为因素问题中，43% 被归类为由于缺乏程序或文档所致，特别是在维修和测试活动中。人为因素问题中只有 16% 与未遵守适当的程序有关。所以很难说，核电产业比飞机维修具有较少的安全关键特征。

视角的问题

事故调查的每一方都有一个特别的视角：调查人员、航空公司管理层、监管机构和直接参与的人。所有人都受限于事后偏见，每个群体都倾向于自己所倾向的原因及其影响。在这一小节，我们应增加另一视角：从人为因素的角度来看待不安全事件。但这也将是个人观点，一个不完全同意 AAIB 调查小组人为因素专家的意见。

我们认为，强烈反对 AAIB 赞成的系统失效理论是基于如下这一事实：SMM 的差错和违规形成了一系列连贯问题，上一步导致下一步，而不是简单的孤立事件集合。如果错误安装窗是因为一组离散的失误和糟糕的实践，涉及独立任务和不同的人，那么系统失效理论的情况会更令人信服。正因为如此，不安全行为的相互关联和顺序性强烈暗示了“千载难逢”的一段情节。正如前面提到的，差错管理（以及作为“坏运气会在最坏的情况下发生”的必然结果）的基本原则之一：最好的人也会犯最严重的差错。还有一个情况，监督者在事故序列中比他们本身的数量更频繁地出现，在纯粹机会基础上这是合理的。

但这不是故事的全部。这次事故最重要的教训之一是，组织的特性，在大多数情况下，得到高度重视——那就是士气高昂，热切希望保持前行，以及在某些罕见的情况下，问题解决的灵活方法也可以是灾难性事故的配方。

我们面临着一场几乎灾难的情况，自然而然地期望原因植根于同样糟糕的某些东西。例如，大法官 Sheen 在自由企业先驱号轮船倾覆事件中所发现的岸基管理中的马虎懈怠（见 Sheen，1987）。但是目前在这里没有这种迹象，虽然

AAIB 努力尝试揭开它们的真面目。与此相反，整件事开始于 SMM 不喜欢用脏的或有划痕的螺栓固定风挡玻璃。他在执行程序中偷工减料，因为——证明是不明智的——他觉得在这种情况下是事出有因的。他知道什么必须做，而且相信他已找到合适的方法去做（7D 螺栓）。在 1000 次中的 999 次里，他采取的行动对于完成任务没有造成任何不良的结果。不管是否喜欢，在每天飞机维修的现实中要发挥专业判断能力，这一情况将继续，直到由机器人来完成这项工作。

很自然地，所有当事方——AAIB、英航管理层和民航局 CAA——谴责这种专业判断的做法，特别是当它证明在这种情况出现了问题，并主张严格遵守程序或使用额外检查单时。但是，其他行业发现了这些额外程序和检查单的成本，更多的程序和严格执法，并非是普遍的灵丹妙药。若要有效，程序必须是正确的、可用的、可信的、适合当时情况的。要实现这些是非常困难的。

结 语

这次事故来源高度不太可能的各种情况的组合。它是 Sod's Law（坏运气会在最坏的情况下发生）定理中更富有想象力的创造之一。我们相信，从中能学到如下重要的经验教训。

只要是有长处和短处的人，受雇来维护商业飞机，这类事故在高度偶发时间间隔就会重现。

他们无法通过简单的方法来防止差错：比如更多的程序、加强执法行动、更多的防御、更多的检查，等等。事实上，这种反措施本身可能最终会卷入一些未来的事故。（注：起飞监测仪旨在防止 1956 年慕尼黑跑道事故的再次发生，促成了几年后的彗星飞机在安卡拉坠毁的事故……许多案例都说明本来针对一次事故的补救整改办法在另一种事故中起到决定性的作用）

最小化这种事故（我们将永远不能完全阻止它们）可能性的最佳途径是定期检查促成差错和违规的情境和组织因素，解决那些最需要“修理”的事情。没有“灵丹妙药”的办法来解决健忘、一时疏忽、走捷径或感知性的混乱。这些心理因素是事故链中最后和最难控制的环节。一般情况下，如果通过解决促成它们当时和组织的情况，那么这种方法将更有效率，成本效益更高。

参考资料

1. Air Accidents Investigation Branch (1992) *Report on the Accident to BAC One-Eleven, GBJRT over Didcot Oxfordshire on 10 June 1990.* London: HMSO.

2. Bacon, F. (1620) *The New Organon.* (Edited by F. Anderson) . Indianapolis: BobbsMerrill, 1960.

3. INPO (1985) *An Analysis of Root Causes in 1983 and 1984 Significant Event Reports.* INPO 85-027. Atlanta, GA: Institute of Nuclear Power Operations.

4. Reason, J. (1990) *Human Error.*New York: Cambridge University Press.

5. Sheen, Mr Justice (1987) *MV Herald of Free Enterprise. Report of Court No. 8074.* London: Department of Transport.

第五章　澳大利亚危险接近事件研究

引　言

这一章描述了澳大利亚空中交通服务系统（ATS）的安全研究，主要利用 REASON 模型作为调查的理论基础。这项研究由澳大利亚航空安全调查局进行。

首先，我们应该强调调查实施得到了澳大利亚民用航空管理局（CAA）管理层和一线工作人员的充分配合，它是负责在澳大利亚提供和管理空中交通服务的机构。在项目实施期间和结束后，该民航局继续实施更改，纠正了在这次调查中以及在另一次澳大利亚全面审查 ATS 中识别出的系统性缺陷，从而进一步改善澳大利亚航空交通服务的安全和效率。

在写作时，这些变化包括建立高层次的战略规划部门，升级和加强 ATS 的质量保证功能，为所有的空中交通服务人员引入人为因素培训方案项目，使用 REASON 模型用于 ATS 的事件调查和系统安全工作。

背景：澳大利亚航空安全调查局

澳大利亚航空安全调查局（BASI）是政府负责在澳大利亚和其领土发生的民用航空器事故和事故征候的调查机构。根据芝加哥公约附件 13（国际民航组织），澳大利亚已将此附件的规定纳入其国内的空中导航规章中。

该调查局的目标是根据选定的事故和事故征候的调查，以及研究的结果，通过传播信息和安全建议，从而促进航空安全的发展。

BASI 调查结果以“发现项”和“重要因素”呈现。该局没有利用“原因”这个词，也和其他一些国家一样不会识别出在一个特定的事件中最为重要的因素。根据该局的经验，如果明确任何因素——例如，作为最大可能的原因——这将导致更多的关注都集中在这一独立因素上，然而航空不安全事件的绝大多数是许多因素通过复杂的相互作用所形成的结果。其中的每个因素都应作为预防目的而加以解决，否则将大大减少调查过程的有效性。

在实践中，该局在操作上并不区分事故和事故征候——它们都是航空安全事件。BASI 已经制定并完善了各项标准，来决定哪些事件会加以最密切的审视——其中之一是将重点放在收费乘客在任何类别的运行安全领域——比如定期公共运输（RPT）、包机和通勤飞行等。

该局更多地强调应用研究与分析，目的是识别出航空系统内的潜在因素，这些可以影响一线安全，即驾驶舱、客舱、控制塔台、维修车间或机坪。

当代航空安全不再仅是飞行员和工程师的事——它是多学科的努力，经常需要从许多不同的领域进行输入。航空业在其运行、技术、商业、经济、监管和政治等维度，正在经历一个快速变化的过程。其中每个维度的发展可以直接或间接影响航空安全。

为了反映其运行越来越呈现多学科的趋势，澳大利亚在 1992 年年底实施了单一雇主类别——“航空安全调查员”。其中有六个不同类型——运行（飞行员）、空中交通服务（ATS）、人的表现、工程师、机务维护（LAME）和技术人员（电子、通信等）。

BASI 尽可能采用团队的形式用以事件调查。举例来说，严重的 ATS 事故征候的调查可能组成调查组，包含空中交通服务、运行（飞行员）和人的表现等专业类别。所有在一起工作的人作为综合一体化团队，应用他们不同领域的专业知识，识别出事件中的重要因素。

近期该局最重要的变化是从调查已经发生的事故和事故征候的被动型的组织，转型到主动型、同样关注航空安全事故预防的组织。BASI 将大量资源专用于主动找出航空系统的缺陷，鉴于事件和情况的合适组合，这些缺陷有可能成为事故的重要因素。

同样，对于该调查局的被动式调查，是为了在一线找出差错——在驾驶舱内、控制塔、机舱或维修区域等。BASI 的目的是查明航空系统中任何潜在的可能造成事件发生的因素。

例如，如果在一次可生存的事故发生后，乘客疏散过程中发生了死伤，则必须确定究竟在客舱哪里出现了问题，并弄清直接原因，为什么机组们无法确保所有乘员的安全。但更重要的是识别出潜伏的组织因素，这些因素可能导致客舱机组人员不能成功撤离——比如沟通不畅、监管不足或培训不当等因素。

经验表明，如果在调查中这种潜伏的系统性因素未被检测到，并因此保持不变，类似的系统失效将不可避免地再次出现。该局新的安全分析处（Safety Analysis Branch），基于加拿大运输安全委员会成功的调查模式，致力于事故或事故征候发生之前和之后，识别出航空系统中潜在的缺陷。

多年来，航空业的一个特点是，世界航空公司事故发生率很低了，这个数据实际上已趋于稳定。但是如果这种速度不改变，加上空中交通运输量预计增幅如预测的那样增长，那么在21世纪，航空公司事故数量对于乘客来说将增加到完全不能接受的水平，大约每两周就发生一次机体全损的事故（Freeman和Simmon，1990）。

因此，当务之急是，如果想要摆脱这种稳定状态，实质性地改善已有的良好安全记录，对于航空安全而言，从根本上需要新的办法。该行业不能只是反复地执行既定的安全理念和程序，它必须做出更多努力，对现状实施重大的改变。

该局新理念的基础是复杂社会技术系统安全问题的有关概念和理论的方法，就是这本书前面所述的REASON模型。

该局已采用REASON模型作为其调查的基础，这一章描述了ATS使用这种方法如何进行系统性的调查。

危险接近事件研究：引言

澳大利亚空中交通服务系统是由民用航空管理局提供和管理的。它的目的是，提供国内和国际的（海洋）领空范围内的航空业安全、高效、成本有效的航空交通控制和咨询服务。

作为BASI积极主动的航空安全方案的一部分，它正在实施积极监测某些系统性安全健康指标。这些指标之一是和ATS有关的事件。在这方面，BASI的目标是通过利用系统方法对于ATS类事件的调查，获得有关ATS运作和安全健康性更深入的洞察力。

方法论

许多ATS类事件有可能揭示系统内部的潜伏失效。ATS系统易受人力和技术失效的缺陷最容易通过危险接近事件显示出来。

危险接近报告是根据有关飞机之间相撞的危险程度由 BASI 实施分类。最严重的事件是那些涉及高碰撞风险的事件——飞机在垂直 100 英尺内和水平 500 英尺穿过。

危险接近事件，作为本章分析的主要依据，选取发生在 1991 年 6 月和 7 月的各类事件情况。那时候 CAA 正在发生相当大的变化，有关澳大利亚空中交通服务未来的架构和技术存在着重大的不确定性。

在 1991 年 6 月和 7 月期间，31 起报告事件被列为危险接近事件——那就是，事件是飞机存在发生碰撞的可能性。该局在决定是否调查任何发生的事件中，需要考虑到可能从调查中所获得的安全益处。因此，碰撞的风险在每个事件中可能不严重，但对于系统性缺陷类型而言，每一个事件可能都是一种预兆，从而导致系统性缺陷类型可能具有重大意义。

BASI 的调查是 1992 年实施的。其目的是识别和理解组织和系统的特点，以及不安全的行为，这些都会导致某些 ATS 类事件。该局的主要目标是向民航局提出安全建议，使之在源头上补救系统性重大因素——换句话说，这就是把滋生病原体沼泽里面的水排干（Reason，1993）。第二层面，调查中非常重要的一项是展示 REASON 模型应用在 ATS 的实用性好处。

31 起危险接近事件中的 8 起被该局识别为严重事件。选择这些事件的原因是：

（a）涉及普通公共交通工具（RPT）飞机运载收费乘客；
（b）发生在管制空域；
（c）涉及实际及潜在飞机间隔标准出现了失效。

该局公布的报告提供了涉及 8 个主要事件的详细摘要。这 8 起事件是本章分析的主要依据，辅之以其他的危险接近事件，以帮助我们实施整体的分析过程。BASI 报告（BASI，1994a）提供了一套完整的清单。

运用 REASON 模型到 ATS 中

在下面的描述中，REASON 模型已经适用于 ATS。

不安全行为

ATS 依赖于人作为操作者来安全迅速地处理空中交通状况。大多数情况下，都是在安全地进行。然而，人的表现容易出错，有时候管制员和飞行员都会出现不安全的行为。

考虑到这种行为，就可以区分违规和差错这两者的不同。分类基于该不安全行为是有意或无意。当考虑到由管制员和飞行员所出现的不安全行为时，这种分类很有用。

差错。Reason（参见第一章）描述了两种不同类型的差错：

（a）注意力疏忽和记忆力衰退，包括从可能是一个完美的计划中非意图的偏离行动；

（b）错误，行动按照该计划进行，但计划偏离一些适当的路径到所期望的目标。

空中交通管制基于听觉、视觉或书面形式提供的信息进行处理。在这种动态的复杂认知和运行环境中，可以理解的是偶尔管制员不这样做，或不能这样做，充分考虑到交通模式的一些元素，或者他们可能会误用一些规则，尽管他们接受过严格的训练和他们使用的程序是标准化的。

在 ATS 中发生的大多数不安全行为可能被归类为差错。

违规行为。违规是蓄意偏离规范的代码或程序。这种行为有时会发生在 ATS 的环境之中。Reason（参见第一章）描述了三类违规行为：

（a）例行违规行为，涉及任务之间的走捷径；

（b）优化违规，个人力求优化非安全的一些目标；

（c）例外违规行为，一次性的，时不时违反规定，看似由不寻常的情况所支配。

ATS 系统内可能发生的最常见的违规种类是那些管制员会尝试使该系统更有效率，或暂时增加交通容量的做法。例如，一位管制员可能故意允许正式公布的飞机间隔标准在很短的时间内不再执行，如果他 / 她认为安全将不会受到损害。

总结。差错 / 违规分类是有用的，可以评估管制员所做出的不安全行为，因为采取的补救行动将根据差错或违规类型不同而不同。与差错关联的不完美的认知运作不应像违规那样用相同的方式进行归类。违规行为有动机的基础，只有在组织背景中才得以正确地理解。

改变那些组织的因素中，最直接影响态度、群体规范、士气这样的特定本地因素，可以最有效地减少违规行为的发生。通过组织解决具体的局部因素，如培训、工作场所和任务设计、时间压力和照明、噪声等环境要素，可以减少差错的概率。

不安全行为的心理先兆

一个组织内，心理前提条件可能存在，从而增加不安全行为的可能性。一些前提条件可能直接关系到本组织自身的性质；其他可能是员工私人生活的产物。ATS 环境中可能存在的这种先决条件的例子是：不足或过多工作量；糟糕的人—系统接口；管理层与工作人员冲突；容忍违规的群体规范；鼓励承担风险的文化；以及被打扰的睡眠模式等。

组织缺陷（一线管理层决策）

Reason 表示：管理层做出的决定，在很长一段时间内可能在组织内部产生了某些固有的缺陷。这种决定可能会受缺乏信息或资源、时间的压力、更高级别决策、通过重组导致强迫的决定等的影响。这些决定的后果可能需要相当长的时间才能表现出来，并在大多数情况下，以上提到的心理先决条件是显而易见的。

组织的缺陷与不安全行为的心理先兆之间的相互作用可能是复杂的。Reason 使用的示例（参见第一章）说明了这一点：

> 培训部门的缺陷可以表现为各种先决条件：高负荷工作、过度的时间压力、不当的危害识别、对制度的无视和动机上的困难等。

Ratner 和伙伴在早些时候对于澳大利亚 ATS 进行了全面评估（Ratner，1992），识别出该组织的缺陷，再过渡到澳大利亚先进的空中交通系统（TMATS）过程中可能影响到安全。这是一个利用先进技术意在极大地提升澳大利亚 ATS 的主要项目。Ratner 识别出组织缺陷的例子有：ATS 质量保证功能不足；运行修订“两层”[①]安全规章和监管项目中缺少文档和人员培训；在管理层的安全缺乏正式的问责。

企业行为（高级管理层决策）

最高管理层和CAA董事会的行动，像那些大型组织一样，有能力影响ATS工作面操作者的行动，尽管是间接性的。关于组织未来方向的决定、分配资源和公开宣称的目标，所有这些都对员工产生影响。这种决定的后果可能潜伏在系统内很多年，之后才会组合成一些事件和情况，从而暴露出这些决定的易错性。

不足的防御层

设计合理的系统已经有内设的防御措施，以保护它免受人或技术失效的影响。ATS有许多防御措施，如复诵指令、位置报告、单方向航线、飞机标准巡航高度、标准仪表离场（SID）等。这些措施确保将飞行员或管制员潜在差错减到最小。目前，绝大多数ATS的防御层是基于单个管制员对于现状及未来交通情况的意识度不断进行全面性和准确性判断的层面上，换言之，是基于管制员大局观心理模型的准确性。

ATS事件——一个惨剧

实践中，只有很少数的不安全行为会导致事件发生，最终不利于系统的安全。大多数情况下，多个保护层和ATS安全防御系统的冗余度，能够通过有效的行动来保护系统。例如，如果一个管制员向飞机提供了错误的高度，那么飞行员可能识别出空中间隔是不适当的。此外，当管制员审查飞行进程单（flight strips），或者当飞行员复诵时，可能意识到他/她发生的差错。

防御层被突破的情况下，大量的因素一起发生，从而导致了事件，或在某些极端的情况下，发生了灾难性的事故。

1991年2月，一架波音B737飞机和Metroliner公司飞机在洛杉矶国际机场相撞。波音飞机得到指令可以降落，而此时在跑道Metroliner的飞机正在排

---

① “两层”政策是CAA重组其安全监管和监督活动的结果，从传统的一线直接监管系统转型为要求航空业承接一些安全相关的活动，比如在适航、训练标准和运行监管项目上，这些以前是由CAA实施的。CAA的角色变成了监管行业方案项目和他们的管理，而不是直接监控飞行员和飞机了。（Ratner，1992，p 24）

队等待起飞放行。

事故发生在晚上，Metroliner 飞机的灯和跑道、滑行道相关联的灯无法分清。

很多因素促成了这次事故：ATS 人员对于几个 Metroliner 飞机在机场被同时操作的呼号感到困惑，从控制塔台看见跑道入口的视线是有阻碍的，在事故中涉及 Metroliner 的飞行进程单不见了。

在这次事故中，本地管制员没有保持对于整体交通情况足够的意识度，最终发布了不恰当的落地许可。这一事件发生时，Metroliner 飞机的存在对于波音 B737 飞机空勤人员和塔台人员意识度都显著降低。在对这次事故分析时发现，很明显，管制员的差错可以在许多条件下被不同的人所发现，如管制员、波音 B737 飞行员、涉及事故的 Metroliner 的飞行员，或另一架 Metroliner 飞机的机组人员。

国家运输安全委员会（NTSB）确定的事故原因如下：

> ……洛杉矶空中交通设施管理层未能执行程序，提供与需求相当的冗余度，并且没有按照《美国运行位置标准》所载的要求，联邦航空局 FAA 空中交通服务部门未能向其航空交通控制设施经理提供适当的政策指导和监督……造成事故的原因是美国联邦航空局未能提供有效空中交通管制系统的质量保证（NTSB, 1991, p 76）。

事件数据作为系统性分析的信息来源

ATS 事件中的个别事件和汇总数据都有可能提供有关 ATS 许多组件功能的信息。也许最明显的好处是理解管制员和飞行员显性失效的性质，以及 ATS 的安全网 / 防御层如何被突破的。然而，调查这样的事件还可以提供 ATS 内潜伏的组织性失效类型的洞察力。

使用事件数据来评估 REASON 模型中各层面的致因因素可能是困难的。复杂组织系统中的因果关系链本身可能是复杂的和含混的。对于同一个事件，甲观察者可能认为是由组织目标相互矛盾造成的，乙观察者可能认为是由其他合理化的差错造成的。将许多事件作为一个群体来考虑，这有助于解决这些问题。通过结合大量的调查数据，其中的基本模式更有可能显现出来（参见国际民航组织的 CFIT 安全分析，第六章所述的内容）。因此，通过这种方法，可以获得对于基础的组织因素更好和更深入的理解。

从历史上看，理论上结构化的系统性方法通常在一开始就不适用于事故调查。事故报告的阅读者期望在造成事故的因素和事故本身之间得到一个清晰的逻辑连接。找到那些接近于这次事故当地当时的直接因素，这种做法仍然是适当的。此分析元素在国际民用航空组织（ICAO）《事故调查手册》（国际民航组织，1970）中得以很好地理解和记录。

然而，更广泛的系统性的航空安全调查方法，除了确定当地当时的因素外，还旨在以原则性的方式查明和纠正那些促成不安全事件发生的组织因素，这种理念直到最近才被大家接受。O' Hare（1994）将这种发展描述为"……安静但稳步的革命……（p 4）"。

ATS 安全分析：BASI 危险接近事件研究

本节介绍了该局使用 REASON 模型对 ATS 安全性的调查与分析。识别出安全缺陷，并使用特定事件说明模型的每个组件。模型中的组件包括不足防御层；不安全的行为；心理先兆（差错产生条件）；组织缺陷（潜伏的组织失效）。此外介绍了可采取的行动，用以纠正发现的缺陷。后面一节概述了民航局回应调查已采取的一些行动。

不足 / 失效防御层

ATS 中人或技术失效并不罕见。然而，当出现差错或设备失效时，系统应免疫于这类事件的影响，在事件发生之前通过检测发现并纠正异常。目前的分析显示，ATS 的防御层不足。只有为数不多的几个程序或技术援助，用以保护系统的完整性，避免管制员的差错和技术失效（见图 5.1）。

- 管制员必须充当自己的安全网
- 空勤人员的作用没有被强调 / 理解
- 监管不足
- 验证或数据的验证不足
- 系统只有寥寥无几的自动防御装置
- 没有防碰撞措施

图 5.1　识别出的不足防御层

ATS 的安全性在很大程度上取决于管制员无差错的表现。当出现差错时，例如不正确的间隔，在大多数情况下只有部门负责人完全熟悉情况，因此，将是系统中唯一能检测到该差错的 ATS 操作者。在这次调查期间，机组人员似乎不愿意仔细检查管制员的行为。因此，飞行员原本可以在检测差错中发挥至关重要的作用，但并没有充分发挥作用。

在调查期间，ATS 技术防御层的例子包括“冲突警告”或是“冲突探测”。机载系统正在越来越多地被提供给飞行员使用，比如交通碰撞避免系统（TCAS）等，它有能力检测潜在的危险接近。在本项目研究期间，澳大利亚 ATS 系统只有少得可怜的自动防故障装置子系统，即使是在自动防故障装置系统可以和本应该安装设置的地方，该局的调查也识别出自动防故障装置本身就是“失效”所在。

稍后讨论的飞行数据处理差错表明：手动抄写航班条上的信息，再将这些信息传输到管制员，他们无法验证提供的信息。换句话说，没有具体的防御措施，以保护 ATS 免于航班进程单差错的后果。

企业方向

REASON 模型的一个根本前提是企业层面已经在确定组织的安全健康领域发挥着重要的作用。在分析民航局 CAA 的 ATS 的安全健康现状时识别出一些重要的缺陷。虽然 BASI 承认民航局已经做出相当大的努力试图纠正这些问题，但该局认为，民航局还有进步的空间（见图 5.2）。

- 明确安全理念的发展
- 服务与安全之间权衡的说明
- 制订国家空中交通管理战略计划
- 制定并实施一体化的综合培训办法
- 建立有效的质量保证（QA）功能
- 提供足够的防御层，以增加 ATS 的容错能力

图 5.2　识别出的需要采取行动的领域

在工作上面存在的安全与服务的含混不清，只可通过管理层公布和宣传明确的组织安全理念、明确定义服务与安全之间的平衡从而得以解决。此外，民航局需要解决 ATS 改进防御层的要求。

我们在空中交通管理方面和培训领域采取了主动行动。然而，仍然需要继续提供管理方面的支持，以确保规划、执行和巩固这些方案。这种高水平的支持也是确保功能有效性所必需的。

不安全行为

在调查过程中，显然，造成空中安全事故的错误或违规是多方面的。这种情况不是澳大利亚所特有的。图 5.3 总结了本次研究中发现的最重要的不安全行为。

计划。空中交通管制包括一个连续设计"游戏计划"的过程，以满足当前和未来的交通需求，以及评估和重新评估这些计划并随着事件的发展作出调整。例如，计划应该允许飞机未能及时达到指定高度层，并应确保所需的空中交通间隔。如果管制员对不测事件没有应急预案，那么会发生不安全行为。值得关注的是，在加拿大，ATS，加拿大运输部，定义了一个失败的计划作为要报告的运行事件。

在本研究中，当计划失败被深入考虑时，人们似乎集中精力解决眼前的问题，不管情况如何，都能设法应付过去。我们发现，在低工作量的情况下，甚至在启动交通序列时，不可能评估各种可能发生的意外情况，这种防御姿态的缺乏甚至可能发生。

- 没有或不足的交通处理计划
- 过度依赖预期的飞机表现或依赖于飞机按预期执行
- 未能保持交通感观（情景意识）
- 不恰当地使用灵活性来变更程序
- 提供服务而不检查结果
- 注意力集中不到首要任务上
- 协调失效
- 航班数据处理差错

图 5.3 在调查中识别出的不安全行为

不安全行为的一个重要类别是管制员在制订交通管理计划时依赖于预期的飞机行为和表现。据了解，所有的控制是基于指令的机组人员和飞机的预期结果。然而，良好的控制一个不可或缺的特性是不断警惕这种可能性——这种期望可能会落空。万一飞机不能执行预期的指令，ATS 以确保"逃生舱"是可用的，通过观察飞机的实际表现及时调整计划，从而通过计划来得以维护 ATS 内的安全。

有迹象表明，在一些情况下，管制员过于依赖预期的飞机表现，随着事态的发展未能充分监控到交通情况（见插入栏 1 和 2）。

情景意识。连续建立对交通处置的意识度是空中交通管制的一个基本要素，基于种种原因，比如分心等，这种情境意识有时可能会下降。在大多数情况下，这种退化几乎不会对交通处理产生影响，因为管制员通过参照雷达信息，或通过查看飞行进程单，能够快速重建他们交通格局的心理模型。然而，情景意识有可能退化，退化达到违反空中间隔的标准程度。

管制员有时忽视或无视在其管辖下另一架飞机的存在（见插入栏 3），或最近转移到另一个扇区的飞机（见插入栏 4）。BASI 审查了大量具体的调查数据，识别出情境意识的缺乏和不完整的监控之间存在的明显关联。当管制员的注意力回到正在不断变化的局势时，用最少的时间来解决这个问题。

变化程序的灵活性。一定程度的灵活性是 ATS 内置的，允许通过可能最高效的方式来处理交通。然而，如果这种灵活性使用过量，或不适当，安全标准可能会遭受冲击。插入栏 5 提供的案例表明：最初的始发离港放行修改了两次，造成始发控制和塔台空管两个单元对此不同的预期。

协调。飞机信息在扇区之间的有效转移，对 ATS 的安全高效运行至关重要。为此，不同扇区之间的协调受限于何时以及如何转移这种信息的程序。对于这样一个依赖于准确传递语言信息的系统，管制员偶尔无法识别协调信息的含义也就不足为奇，比如两架飞机都运行在同一航路上，或始发放行指令已经部分或全部更改了（见插入栏 5）。在这种情况下，每个临近扇区的管制员对于交通移动的期望是不同的。如果初始差错在随后的协调中未能被检测到，由于技术限制，可能会突破系统的防御层。插入栏 6 就是一个例子，管制员并未发现两架飞机在同一航路上运行。

插入栏1　B/911/3134 布里斯班1991年6月6日

事件报告显示是雷达间隔标准在终端区内出现了突破，它发生在一架进行仪表飞行规则（IFR）飞行训练的Cessna　C210型（C210）飞机和一架按照国际定期公共运输（RPT）的麦克唐纳道格拉斯DCl0航班之间。记录的雷达数据表明飞机少于一海里的水平间隔，它们大约在同一海拔高度3700英尺。

DC10按照标准仪表离场（SID）离开布里斯班。C210离开Archerfield前往Maroochydore，由进近（APP）管制员指挥获得指令爬升到6000英尺，没有限制。DC10未能在SID指定的点转弯。塔台管制员通知进近管制员引起注意。

而后APP管制员指挥C210飞机270度转向，DCl0飞机340度转向。指令要求C210飞向很高的地形，虽然该管制员不知道这类飞机是否有足够的高度越过地形。一旦飞机航迹发生变化，C210可以回到原来的航路上。这可能导致C210遭遇到DCl0飞机的尾流。

调查发现，管制员假设DC10将遵循SID，未能充分监控其实际飞行路径。APP管制员在事件发生时没有处理其他交通。当时没有交通容量的问题限制管制员雷达引导方案。然而，其他的选择可能会涉及更多的协调。

没有检查结果的服务。空中交通管制员向航空业提供“服务”。然而，在提供这种服务过程中，如果管制员未能检查他们指令的结果可能损害安全标准。这种类型的不安全行为的特点是管制员对于飞机请求的响应速度，如得到允许偏离以前提交的飞行计划等。如果管制员立即作出响应，那么管制员完整评估对于同意请求后交通状况所产生变化的影响和结果可能无法实现（见插入栏 3）。

插入栏2 B/914/3071 **阿德莱德** 1991**年**7**月**17**日**

空客A320（EA32）离开阿德莱德飞往布里斯班途中。飞机飞行高度是无限制爬升到FL370，通过航路T77到布里斯班。墨尔本要求阿德莱德管制确保飞机在FL330高度层上，在米尔迪拉（Mildura）西南20海里（nm），一架波音B747在FL310的交叉航路上。
波音B767客机从悉尼飞往阿德莱德，通过米尔迪拉，保持FL310，相反航向朝向EA32，在阿德莱德控制雷达显示离阿德莱德大约124海里。
阿德莱德扇区4（SEC4）和EA32取得了联系，要求飞机保持最佳爬升率至FL330。目的是使用雷达标准EA32爬到B767以上。
接近FL310，EA32飞机地速加大，增加了和B767飞机的接近速度。在此之后，EA32空速降至最小机动操纵速度，机长减少了爬升角度，以让飞机加速。飞机经过此高度层时，EA32飞机恢复了最佳爬升率，但是突破了适用的空中间隔标准。
扇区4的管制员监控到了EA32飞机的爬升情况，在B767飞机以西大约40海里处。按照显示的爬升率，他相信根据估计的通过时间EA32应该已在FL330高度层了。而后，他将注意力转向了另一架飞机。当注意力返回到EA32/B767时，他注意到雷达回波显示趋同。飞机已经在阿德莱德东部大约110海里通过，少于必需的空中间隔标准。

插入栏3 B/911/3141 CAIGUNA 1991**年**6**月**12**日**

在这个事件中，两架喷气式定期公共运输飞机，在程序管制空域相同的单向航路上运行，管制员批准了位置在下、速度更快飞机的要求，爬升到更高的飞行高度。这导致程序间隔标准被突破了。
在这起事件中这两架飞机最初已得到允许，爬升到飞行高度FL370。扇区管制员要求到港管制员修改第二架飞机波音B747-400的飞行高度层。因此，波音飞机重新许可到FL350。
虽然这两架飞机是在扇区管制员管辖之下，但他正在协助另一个扇区管制员安排另外两架飞机的间隔标准。当波音B747-400机组人员询问FL390的可用性时，管制员说："下降到FL290……更正是FL290还是FL390？"机组回答FL390。该管制员立即同意飞机飞到FL390，他未能意识到机组对于高度层改变请求的重要性，也没有意识到在FL370高度层另一架飞机相对的接近性。

插入栏4　B/913/3158 EILDONWEIR 1991年7月18日

一架空客A320（EA32）和一架波音B727客机执行国内定期公共运输航班，飞往墨尔本，由EildonWeir（ELW）安排到达顺序。在随后的引导过程中,这两架飞机之间突破间隔标准。
在此事件中，波音飞机已转交给到达（ARR）管制员，并减少了速度，按照230节的要求。管制员要求EA32进入等待模式，指令它转入同一高度对头相遇朝向B727，然后下降到FL160。管制员通过雷达屏幕可读出飞机高度和地速等信息。这些信息显示，两架飞机之间的接近速度大约180节。然而，当EA32接到指令联系ARR时，两架飞机的接近只是引起了扇区管制员的注意。机组认可接收到指令和要求获得前面飞机的高度。而后扇区管制员意识到EA32和速度更慢的B727之间已经失去空中间隔标准。

插入栏5　B/916/3018 悉尼1991年7月13日

初始离场指令来自悉尼塔台，发送给空中客车A300（EA30）飞机，离场序列更改了两次，两架飞机排在EA30之前。在第二架飞机（英国146）离港之后，离港雷达（DEP）管制立即表明EA30不受限制。塔台理解该指令意味着取消先前的离港指令，然而DEP管制员只打算取消高度限制。

插入栏6　B/911/3197 NEPERTH 1991年7月11日

这个突破间隔标准所涉及的两架波音737定期公共运输飞机，被认为是在管制空域内的两个不同（但同一高度对头相遇）的航线操作。具有飞机管辖权的管制员基于不同和不正确的飞行进程单信息，提供了空中间隔。差错仍然未被发现，直到这两架飞机在珀斯雷达显示器的范围内表明同一航迹时。

为珀斯到达管制（ARR）准备的进港飞机航班进程单，表明飞机通过W43航线到达。然而，珀斯区域管制扇区2的航班进程单显示正确路线是T31。

扇区2和珀斯到达程序管制员（ARR（P））根据从珀斯160海里（nm）估计飞行时间来协调到港飞机。这是雷达覆盖范围的限制。W43航路飞机的协调也须由扇区2提供估计。ARR（P）管制员和他的实习生都没有注意到航线和ARR（P）条上显示的不一样。

同样，不受限制运行和航迹缩短事件的高发生率（见插入栏 1）可能表明，提供“客户服务”是最重要的，因此飞行员的请求一直被满足，而没有完整评估他们的后果和建立适当的防御计划。

对首要任务的疏忽。空中交通管制取决于每个操作者同时承担多项不同的任务，以便制订一个综合的交通处理计划。如果想要更好地控制，不可或缺的是管制员的能力，以适当的方式划分和建立首要任务。在动态环境下，管制员的注意力有时很难集中在首要任务上。管制员可能因为没有飞行进程单或思考其他管制员（见插入栏 3）计划的间隔标准而分心。在其他情况下，对首要任务的注意力也可能因工作环境中的噪声水平或对与交通情况无关事项的讨论而降低。

航班数据处理差错。飞行进程单为管制员提供了预期的交通情况，以及它的安排，使他们能够预见并识别出潜在的危险。飞行进程单信息中的差错可能会为管制员提供不正确的交通部署。虽然这样的差错并没有在管制员特定的不安全行为中发挥主要的作用，但它们能促成不安全态势的发展。插入栏 6 是一个示例，具有两架飞机管辖权的管制员，在各不相同但同一高度对头相遇的航线中，基于不同和不正确的飞行进程单信息提供了飞机间隔。此示例中，在飞行数据准备方面存在的不足之处，说明了这些因素是如何增加不安全行为的形成和穿透 ATS 防御层的。

审查关于不安全行为的调查结果

不安全行为表明人的行为的易错性。可以说，本次调查中所涉及的管制员，被认为是系统选择和训练的“产物”，并且随后监控和维护其在职的表现标准。

该系统已经让态度和文化在个人这里形成了制度化和惯例，使它可以被接受，比较常见的惯例包括过分依靠预期的飞机表现、忽视间隔保证、使用灵活性过量，以及变通制度缺陷等。从中可以得出，ATS 过度依赖管制员无差错地执行他们的技能。

虽然本章中不安全的行为在澳大利亚发生，在任何其他类似的 ATS 也并不罕见，但它们很少导致严重突破系统防御层的事件，因为这些防御层随时间以及经验教训而形成并得以证明。因此，这些防御层都十分有效。

我们认为：如果只是单独解决上文所述的本地因素，我们从中并不会获取更多的经验教训。只有通过识别、理解和分析在 ATS 系统中的根本性组织因素，我们将实现变革的巨大潜力。

倾向性的心理因素或差错产生条件

倾向性的心理因素是潜在的状态，影响上面讨论的不安全行为的可能性。这种因素放在一起被视为“组织氛围”，也就是发生差错和违规的环境。

不安全行为的心理先兆，在这次调查的过程中被定义为“思想影响者”（Charlton，1993），正如图 5.4 所示。对它们的详细介绍如下。

- 过度自信
- 专注于战术而不是战略
- 预期过度
- 工作量（过度 / 最低限度）
- 在工作中频繁分心
- 关于服务 / 安全之间的权衡含混不清
- 变通系统缺陷
- 对于未来的不确定性（1991 年）

图 5.4　调查中识别出的倾向性心理因素

过度自信。管制员被培训为过度自信于自己在复杂的、动态的情况下做出有效决策的能力。在本次调查中，这种培训没有涉及影响决策绩效的人类信息处理能力和局限性。在某些情况下，他们的决策能力过度自信，导致如下情况：管制员未能充分利用各种方法来减轻他们的工作量，或减少交通处理要求的复杂性。例如，管制员似乎不愿意将一架飞机经过另一位管制员的扇区。这在终端区域特别普遍（见插入栏 1）。同样，如果交通配置的处理需求增加或者超出管制员的能力，管制员似乎不愿请求帮助。

专注于战术而不是战略。第二个心理先兆的重点是战术，而不是战略或防守控制。规划是所有空中交通管制的基础，管制员接受培训，做好潜在交通冲突的计划。然而，似乎有这样一种趋势，管制员采取被动的工作模式，重点解决已经发生的问题（见插入栏 1），在启动交通序列时几乎没有计划解决 what-if 的问题。

预期过度。管制员的计划是以对空勤人员的行动、飞机表现的预期，以及其他 ATS 人员行动为基础的。在大多数情况下，这些判断或"冒险"是正确的。然而，这种情况的负面效果是，增大了如下可能性——当决策时，管制员总是过度依赖其预期会实现。

本次调查事件中飞机表现的作用以前讨论过，存在协调问题，管制员错误地假设他们每个人都有相同的空中交通部署的心理图片。

工作量。Ratner（1987）第一次评审澳大利亚的 ATS 时指出：

> 人为差错更可能发生在某些特定运行的情况下，如复杂程度和水平过高的交通情况、流量水平很低的交通情况，以及对于一些交通的协调非常复杂的情况（p 25）。

所有这些情况都在本次调查事件中得以反映。

航空交通流量密度和管制员的工作负荷不存在简单的直接相关性。如经验、预见、程序和工作环境等因素也起着至关重要的作用。交通密度过高，结合其他大量的外围任务，可能会导致管制员无法充分评估交通模式。因此，管制员可能认识不到潜在的冲突。

在其他情况下，交通水平可能不是很极端，但空域或管制员工作站的物理性质的配置可能会导致任务复杂性的整体水平提高，从而降低管制员以最少差错执行任务的能力。有限的交通量水平可能会导致管制员的注意力完全从当前控制交通的首要任务中脱离开，集中在其他辅助活动中，如为另一个管制员制定间隔标准，或讨论行业问题等（见插入栏 1 和插入栏 3）。在低刺激的环境中，很难保持注意力和警惕性。

在工作中频繁分心。如前所述，一个管制员的注意力偏离，可能发生在危险接近事件之前。在工作场所中这种分心可能要为注意力不恰当偏离而负责。比如本章研究的事件很具代表性，很明显，管制员同时执行另一个补充任务，或在控制台上与其他管制员交谈是常规的行为。同样，噪声水平可以使管制员难以集中注意力，特别是在交接班期间（Ratner 先前识别出的一个因素，1987）。

有迹象表明，在岗培训（在职培训 OJT）中无意引入分心和额外的工作量，这两项都与检查学员的行动和检查要求有关。在某些情况下，这将导致培训者无法了解整体情况。在职培训对于其他 ATS 人员（实习生 / 教练）也强加了分心干扰的因素。

实例如下：

（a）ATS 人员发现有必要说明协调细节。学员和教员未能认识到提供信息的后果——例如，这两架飞机在同一航线上。

（b）ATS 人员承担了额外的任务，如对于训练组合计划飞机的空中间隔，管制员的注意力偏离了主要任务。

虽然该局不希望暗示管制员应该在“没有任何干扰”的环境中工作，也就是对他人的援助和讨论不会发生，但我们相信分心的频率和强度本质上是有害于基于认知的控制飞机的任务。因此，至关重要的是管理层采取行动，限制在工作场所分心的程度，在标准作业程序中需要进行明确记录。

变通系统缺陷。飞机控制技术和程序要适合特定的 ATS 环境。我们发现管制员被迫适应他们的运作模式，以应付在这些环境中所固有的缺陷。这些固有缺陷包括工作地点中人体工学设计的不足、雷达系统和显示器质量差、甚高频范围有限，以及一些管制员使用的非标准用语等。其他缺陷包括因为雷达设施不足航线有限的容量，因为航线结构和扇区的设计导致交通处理日益复杂化，等等。

这些缺陷中的一部分被认为通过增加工作量和协调的复杂性等维度直接促成了不安全行为的可能性。其他，如雷达或物理性工作环境的质量，可能更微妙地影响工作人员的士气和积极性，也可能促使不安全行为的增加。

在实例中的不安全行为心理先兆是管制员认可并要求变通 ATS 不恰当的设计特点。随着交通流量数量和复杂性的增加，“变通”本身可能会成为严重的安全缺陷。

关于服务 / 安全之间的权衡含混不清。所有复杂系统的运行涉及服务与安全之间的权衡。澳大利亚 ATS 系统里涉及提供一种经济上可行的服务，同时维护和安全之间的权衡。

在某些情况下，民航局希望实现服务与安全之间的平衡，并没有清楚地传达给所有人员。

在这项研究中，BASI 认为存在这种含混不清，反映在管制员身上，不愿给空勤人员造成不便，或是旨在缩短飞行距离，无意中减少了飞机的间隔标准，使其低于规定的极小值。

服务精神方面也表现在反应速度上，管制员非常快速地接收到飞行员高度更改的请求，并快速提供许可。如前所述，这样响应的快速性导致不可能实现对于整体交通情况完整评估的预期结果。

在 1991—1992 年研究期间，提供服务和维护安全之间的组织平衡是含混不清的。这种不确定性将在下文中进行更详细的讨论。

对于未来的不确定性。在对绝大多数事件的研究期间，澳大利亚 ATS 的重组和升级存在着相当大的不确定性。这种情况对行为表现造成负面影响表现为，一些管制员正在讨论可能的岗位和行业问题，而此时也是安全标准被突破的阶段。稍后将进一步阐述这一内容。

审查关于心理先兆的调查结果

从对本次调查中确定的不安全行为的各种心理先兆的审视中可以看出，它们之间存在着高度的相互关系，相互作用导致了不安全行为的发生。

评价还建议一些管制员应具有在澳大利亚 ATS 环境内形成的通用性的特征。这些都过度依赖个人对于 ATS 运作和飞机表现的理解，以及过度依赖于飞机会按预期的实际执行的判断。

在研究过程中，我们认为从澳大利亚 ATS 演化而来的组织文化会抗拒改变，除非提议中的新空中交通管理原则和训练理念被发展，并通过并行开展的教育和培训方案以及民航局组织氛围所实施的变化进行增强。

组织缺陷 / 潜伏组织性失效

REASON 模型的一个重要参数是管理层必须注重识别和纠正那些组织性的缺陷，其中会对系统安全产生重大影响。

这次调查显示出四种不同但重叠的组织性缺陷。这些缺陷是空中交通管理的战略规划；培训的战略规划；组织氛围；质量保证。图 5.5 所示的是识别出的这些缺陷的要素。

• 航线结构使控制更加困难 • 复杂的、临时性航线结构 • 五个地区系统，不是一个系统 • 针对交通变化规划不足	**空中交通管理的战略规划**
• 在职培训和从头培训不协调 • 对于在职培训计划的内容和方向管理不足 • 训练不足以减少人为差错 • 过度依赖管制员技能	**培训的战略规划**
• 未能有效地控制管制员分心 • 在组织内存在各种歧义	**组织氛围**
• 缺乏提供关键问题持续反馈的质量保证	**质量保证**

图 5.5　识别出的各类组织缺陷

空中交通管理的战略规划。澳大利亚航空航线结构表现出许多系统的特征，但是以临时性的方式形成的，而不是一种按规划和基于满足不断变化需求实施战略规划的方式。在调查期间，两大趋势反映了调查期间 ATS 管理层的做法：

- 本地修复：事故征候和其他事件显示出系统中明显的缺点，需要修复。在许多情况下，这些修复程序是在地方一级进行设计和实施。但是无论是这个缺陷更广泛的影响，还是当地解决方案的影响，似乎都没有在全国范围内全系统的基础上得到充分考虑。
- 五个系统：在研究过程中，民航局 CAA 将 ATS 管理和职责从管理局下放给管理局各外地办事处的政策，促进了澳大利亚 ATS 中五种不同经营理念的独立发展。这意味着本地解决方案不仅在细节上有不同，而且在其遇到问题的基本方针上也不同。

从我们正在审查的事件可见一斑，缺乏战略规划已经导致了过于复杂的主干航线结构。许多情况下，这种复杂性也使得飞机保持安全间隔的任务比原本需要的更难。在过去，这种复杂性靠管制员的技能增长而加以应对。然而，随着交通水平的增长，管制员已越来越多地面对如下情况，他们机动操作的余地递减了，有时被迫采用非标准的程序，将交通间隔分开。

这种对于空中交通管理的增量方法的另一个结果是未能充分规划交通模式的变化。这迫使空中交通管理成为越来越被动的工作模式，尤其是在该行业要求效率更高、成本更低的服务环境中。

一个更微妙的 ATS 管理问题是系统和程序的设计标准似乎没有充分强调自动防故障失效的安全设计。不可避免的人为差错应在 ATS 设计中被考虑到，因为它是航空和其他行业许多领域都现实存在的。澳大利亚空域管理的许多方面并没有表现出这个系统安全的基本要求。

培训的战略规划。在调查中，管制员的培训被认为是组织性的缺陷。考虑到这些缺陷的整体情况，需要强调把培训作为一项战略性问题进行考虑——那就是，将培训的过程和成果视为一系列国家战略，旨在实现民航局 CAA 在 ATS 领域的目标。在本章后部分将进一步讨论企业方针这件事。

证据表明培训方案应该旨在发展和提升有严重缺陷的空中交通管制员的技能。例如：

- 在职培训中，受训人员的培训质量没有得到充分的管理，标准没有建立和得到满足；
- 没有“经验”的管制员被任用为在职培训教官，导致教学效果受到影响；
- 设施的缺乏使技能等级评定受到阻碍，例如，模拟器和在职培训学员质量时间（quality time）分配上的困难；
- 缺乏正式的在职培训甄选教员和培训的过程。

缺乏长期的战略规划反映在初始学员进入 ATS 后的循环流，包括进行训练的可用资源、在区域进近控制中心（AACC）、培训的类型等。

对于初始学员的招聘要求和管制员的运行要求不匹配。近年来，ATS 管理层有点疏忽在不同位置和组织中的初始学员，并对学员接受到的培训似乎没有进行质量监控。

通常情况下，初始受训人员最初是安排在区域进近控制中心，这个中心很少有培训这些人的经验，并且对于受训人员缺乏质量管理。有证据显示：重要的支持功能，如挑选和培训教员不足，即使资源可用于培训，系统内几乎没有能力提供培训课程所需的培训官。即便是最基本的项目，包括培训手册也不能令人满意，没有满足培训管理人员的需要。

诸如模拟器这种培训辅助手段的潜力似乎也一直被忽视。在许多区域进近控制中心的模拟器无法提供各种交通条件所需要的复杂性和类别，不能够正确测试学员或已经经过评级的管制员的表现。

Ratner（1987）发现了 ATS 中存在的各种防御控制、决策和判断等问题。他认为，虽然 ATS 的工作人员基本上接受了执行各种职务所必需的技能和程序的培训，但他们在训练上缺乏战略方面的规划。它并没有为管制员提供关于人类信息处理的基本能力和局限性的知识。

管制员需要不断成长，一旦他们成为 ATS 的一部分，通常会被忽略，因为管理层的重点放在了检查上，而不是培训上。

组织氛围。如上文所述，通过对事件的研究，我们发现 ATS 过度地依赖于管制员的技能。这个系统孕育并持续培养了一大批管制员，他们为能够处理高交通密度而感到自豪，但谁都不愿意接受可以减少挑战的更改。

组织氛围可以部分地被视为是高级管理层的一种产品。在我们研究所述期间，ATS 组织内部存在模棱两可和不确定因素。存在这样一种氛围：权力被下放到地方层面造成有些领域缺乏标准化。更高的管理层并没有确保权力下放的过程是事先计划好的，并且是按照有控制和集成的方式进行指挥的。

在调查研究期间，对于管制员的模棱两可不仅存在于现有系统中，也存在于未来 ATS 中。有关职位和位置的不确定性，以及缺乏关于引进“两个中心概念”——重新扇区化和本地管理变化的信息，已经导致管制员对于工作价值存在不满和质疑。不确定性和不满情绪，可以通过分心、潜意识等影响管制员高效和安全运行的能力。

质量保证。1991 年，ATS 有五个独立系统，曾试图作为一个整体系统运作。但五个系统之间缺乏标准化。在这个支离破碎的组织环境中，民航局 CAA 的 ATS 领域全部的 QA 职能只是一个专职管理者。有限的资源限制了质量保证审计在不同职能间的运作，在审计（通常一周）期间大部分人力被借调到 QA 岗位。专职从事该岗位的有限的资源意味着质量保证功能无法实现如下内容：

- 实现监督作用，而这是运行和培训标准化所必要的；
- 确定设施是否符合既定的运行标准；
- 考虑项目所涉及的系统安全问题。

评审结果——组织性缺陷

审查组织性的缺陷，显然，可以识别的有缺陷的组织过程包括在某些领域糟糕的规划；不能全面监控整个系统；不充分的质量保证。也有人认为服务和安全之间存在的歧义反映出组织目标的不兼容。

在实践中，为了减少管制员纯粹依靠自己对系统的了解做出决策的需求，这种决策会导致出现不安全行为，有必要提供这样一种环境——对作出这些类型决策的要求进行限制。这种环境可以通过培训和空中交通管理（以确保培训是相关、及时和适当的）这样的一体化综合办法来实现。

总　结

BASI 所进行的这次危险接近事件研究表明，民航局表现出的组织性的缺陷类似于其他大型社会技术系统，具有运行职责和向利益攸关者以最低的成本提供服务，同时保持高水平的安全。

有缺陷的组织过程主要涉及规划和培训。我们发现，ATS 的防御层需要进一步加以改进，也需要民航局管理层明确界定最大安全和最大成本高效服务之间组织目标的平衡。

民航局（CAA）的行动

BASI 有独立调查航空不安全事件的责任，它可以与民航局密切合作。该局依赖民航局协助调查，在调查过程中频繁地接触相关人员并进行信息交流。严格来说，BASI 获得的信息不可以用于追究责任或法律责任。通过这种方式，在 BASI 发布事件最后调查报告之前，民航局往往能够进行变革并实施改进。

在整个系统性的调查期间，民航局的 ATS 管理层应邀参与到项目中，并定期听取 BASI 介绍调查进展与分析结果。因此，截至有关调查已完成时，民航局已经解决了在先前个别事件的各自调查和在系统性的调查中识别出的很多缺陷。

同样，在调查完成以及由 Ratner（1992）第二次对于澳大利亚 ATS 系统进行全面审查（得到 BASI 和民航局联合资助）后，ATS 已实施了重大的变革，以改善其组织过程中存在的缺陷。

培 训

民航局开始实施一项改善 ATS 人员培训的方案。该方案将被重新调整，以便实现如下目的：

· 提高初始培训的质量；
· 改进初始学员甄选制度；
· 以三年为一个周期管理他们的训练；
· 涵盖空域的重组转型和新的空域管理。

ATS 任命了一名培训经理来监督长期培训系统的设计。一群重要的 ATS 经理，与培训机构和员工代表一起，共同协助培训系统的开发。这一体系包括：

· 基于技能和胜任力的培训；
· 复训和职业培训的发展方案；
· 设立一座培训学校，地理位置接近主要中心之一（墨尔本或布里斯班），在其他设施上设立附属部分。

在短期内，民航局决定采取如下方案的目的是：

· 提升团队领导和团队培训能力，重点是领导能力、团队建设、员工发展、标准、绩效考核、员工关怀和生产力等；
· 提高指令的质量；
· 开发成本高效使用的计算机培训系统；
· 进入在职培训体系之前，更全面和结构化地使用模拟器来得到有效的培训；
· 建立 ATC 在运行环境中人的表现能力、局限性和其他人为因素的意识度；
· 在 BASI 和新西兰航空公司的协助下，ATS 已经引入了事件调查的培训课程。REASON 模型为本课程提供了一个核心理论框架。

民航局的其他倡议包括空中交通管制员参与航空公司实施的机组资源管理

课程，与皇家澳大利亚空军（RAAF）谈判使用其军事指挥塔台视觉模拟器培训设施等。

标准程序和交通管理

民航局派出一个小组到美国进行为期两周的实地考察，以了解标准终端进港航线（STARS）。

- 为澳大利亚使用 STARS 制定政策草案；
- 用于设计、执行和公布 STARS 在主要省会城市机场使用的标准；
- 终端区和航路程序设计，以最大限度地提高从 STARS 获得的效率；
- 识别出执行 STARS 所需的重合一致性变化。

民航局团队向民航局建议实施 STARS，提升飞机运行效率，以及改进交通管理和 ATS 工作量 / 协调。有关美国的政策可以作为参考指南。

团队还建议，包括对控制领空边界的标准仪表离场（SID）设计新要求进行审查。其他建议涉及交通管理的程序、标准、出版物、控制塔台的运行和设备等。

许多建议用于解决 BASI 之前的事件调查、目前的危险接近事件研究和 Ratner 审查中所识别出的各种问题。

质量保证（QA）

民航局已成立了 ATS 的质量保证装置，扩大其作用和增加工作人员的配备。局方和高级管理层承诺：质量保证装置在 ATS 管理中将发挥重要的作用。质量保证装置变化的主要动力来自 1991 年 Ratner 评审了 ATS。高级管理层公开承诺致力于执行 Ratner 审查后所识别出的所有建议，主要涉及解决系统性组织过程问题。极具实力的质量保证装置在此过程中发挥了重要的作用。

质量保证装置制订了一体化综合战略计划，对于 ATS 设施进行持续的质量保证审查。QA 领导的团队于 1993 年开始这些评审，BASI、澳大利亚皇家空军和新西兰航空公司等机构人员也参与其中。

管　理

民航局已更改了ATS的管理结构，与ATS区域分支机构的变化相一致。助理总经理（Assistant General Managers，AGMs）在切实可行的范围内已安排到接近于区域ATS设施。同样，在可能的情况下，他们的管理人员已搬往机场，以确保更好地反馈和增强对于工作面发生问题的意识。

安全行动和建议

如上文所述，自危险接近事件研究开始以来，ATS管理层采取措施已经解决了一些识别出的组织因素。其他措施将随着资源和机会的出现而进一步出台。然而，该局认为，大量的、广泛的、深入的倡议依然是需要的。下面对其进行介绍。

战略规划

很明显，对于空中交通服务规划需要综合的系统协调方法，涉及局方以及ATS各个分支机构的监控分工。这种方法将涉及评估规划和监控特殊项目执行期间与任何更改相关的风险，提供适当的反馈，一旦项目已经实施，确保每一项新发展的全部潜力得以实现。BASI建议，这应该是一个专门的战略规划单位所发挥的作用。

该局认为：民航局应采取主动性的方式来识别和持续监控ATS内的薄弱之处。就如同Reason分析英国铁路公司情况中所述：

> 消极的结果数据（事故、事件等）都太少、太迟、统计太不可靠，无法支持有效的安全管理。

组织的安全健康测量所要求的是更有效的指标，通过它们可以测量到被削弱或被突破的防御系统、不安全行为、技术失效和不寻常作用于系统环境的效应，以及对于这些组合其系统固有的抵御能力。BASI建议民航局有这种要求，那是一种结构化的方法，可以监控组织健康的生命体征，同时也对新举措的成功与否提供反馈。ATS应建立系统安全组织，运行覆盖ATS及监管机构，从而履行这一要求。

Reason 和他的同事进行评审后，英国铁路公司、壳牌公司和英国航空公司等引入了创新方案，提供系统测量，可以经常应用在主动性模式下，以及断断续续地运用于被动的工作模式中（比如事故或事件发生之后，见第六章）。所利用的指标包括规划、沟通和培训程序等。每个指标当前状态的适当性、对于安全问题发生的可能性，这些都需要本组织不断监控和评估。

BASI 表示，它愿意提供帮助发展与实现一种积极主动的系统方法，民航局借以：

1. 协调和整合特定项目的规划和执行，一旦项目已经实施，评估项目成功与否。

2. 评价这种做法的潜力，尝试提供组织安全健康（如 PRISM, MESH, TRIPOD）持续进行的有效指标，从而协助质量保证功能。

企业方向

虽然，正如先前指出的，业界做出了很大努力，BASI 认为，在这个组织和技术主要变化的时期，仍然需要进一步地提出倡议，以促进本组织的安全健康。该局建议民航局考虑采取类似的安全理念，比如使用英国民航局的理念，这在 1992 年 Ratner 实施的评审中也被强调了。

在对危险接近事件研究之后，该局继续同民航局密切合作扩大 ATS 的质量保证装置。Ratner 联合审查后，推行一连串的例会，为确保这两个组织更好地沟通和联络。这些会议已证明非常有效，也正是通过这一渠道，进度报告及本系统性的调查结果得以颁布。

安全网

鉴于人类活动的基本能力和局限性，该局建议民航局：

1. 承担主动评估地面和机载防碰撞技术。

2. 继续通过标准化的程序和重新扇区化安排，优化管制员的工作量，目的是减少不安全行为的数量。

3. 与澳大利亚航空公司飞行安全协会、澳大利亚航空工业协会一道合作，宣传空勤人员在发现管制员差错方面可以发挥的作用。

结　论

这次危险接近事件调查反映该局新的主动性和系统性方法，采用基于Reason开发的结构化方法，对此国际民用航空组织发布了指南（国际民航组织，1993，1994）。对ATS中危险接近发生事件相关的显性失效和潜伏失效进行了调查。这些不安全行为（显性失效）被归类为差错或违规。此外，不安全行为的心理先兆、组织缺陷和企业行动也被识别出来（潜伏失效）。

民航局空中交通管理的战略规划和培训方面的缺陷被认为是这些显性失效和潜伏失效的主要因素。形成和运行有效的质量保证功能被强调，作为ATS的主要潜在改进项目之一。

这个系统性的调查完成后，民航局采取了一系列重大举措。这些举措已经解决了许多问题。然而，这其中仍存在需注意的一些组织性方面的问题。具体而言，该局建议民航局：

- 引入进一步的系统安全举措。例如，英国航空公司等组织使用的MESH、TRIPOD和PRISM等模型；
- 采用类似的安全理念，比如英国民航局所使用的安全理念；
- 进行地面和机载防碰撞技术的评估。

这份调查报告还强调，空勤人员在ATS的防御性机制中起着重要的作用。因此，该局建议民航局探讨如何加强空勤人员检测发现管制员在运行中发生差错的方法。

补充说明

1994年8月，BASI公布了一起通勤航空公司致命事故（BASI，1994b）的调查报告。就像在这一章描述的危险接近报告，这份事故调查报告的结构也是按照REASON模型实施的。

为响应这次事故调查报告，民航局宣布它支持航空安全管理系统性的方法，根据这一倡议，它建立了航空系统安全部门（CAA，1994）。

致 谢

就像大多数的BASI调查报告，这份危险接近事件研究是由一批专业人员和团队努力所取得的成就。团队的主要成员是BobDodd（从加拿大运输安全委员会交换到BASI的官员，最近新任民航局航空系统安全部门经理）；Peter Reardon，ATS调查人员，Claire Marrisson博士，人的行为表现调查员；Paul Mayes，安全分析经理。此外，BASI的一线调查人员为本项目也做出了重大贡献。

参考资料

1. BASI（1994a）, *A Systemic investigation of Airmiss Occurrences 1991-1992*. Report RP/91/11, BASI Canberra.

2. BASI（1994b）, *Piper PA31-350 Chieftain, Young NSW, 11June 1993*. Investigation Report 9301743, BASI Canberra.

3. CAA（1994）Authority adapts system approach to safety. *Aviation Bulletin,* Vol. III, No. 7, pp 1ff. CAA, Canberra.

4. Charlton, R（1993）. Integrating work and safety: a personal view, *15th, Annual Colliery Safety Symposium.* Sydney, Shell Australia, Melbourne.

5. Freeman, C. and Simmon, D.A.（1990）Crew Resource Management model, *Proceedings Flight Safety Foundation 43rd Annual International Seminar.* Rome. FSF, Arlington.

6. ICAO（1993）Investigation of Human Factors in accidents and incidents, *Human Factors Digest No.7,* Circular 240-AN/144, ICAO, Montreal.

7. ICAO（1994）Human Factors, Management and Organisation, *Human Factors Digest, No. 10,* Circular 247-AN/148 ICAO, Montreal.

8. ICAO（1970）*Manual of Aircraft Accident Investigation,* 4th Edition, ICAO, Montreal.

9. NTSB（1991）*Runway Collision of USAIR Flight* 1493, *Boeing* 737 *and Skywest Flight 5569 Fairchild Metroliner, Los Angeles International Airport, Los Angeles, California,* NTSB/AAR-91/08, NTSB, Washington.

10. O'Hare D.（1994）, Latent failure and human error. In *New Zealand Flight Safety, FSM94-1*, Civil Aviation Authority, Lower Hutt.

11. Ratner, R（1987）, *Review of the Air Traffic Services System of Australia,* Dept of Aviation, Canberra.

12. Ratner, R (1992) , *1992 Review of the Australian Air Traffic Services System.* Civil Aviation Authority, Canberra.

13. Reason, J. (1993) Organizations, corporate culture and risk. In: *Human Factors in Aviation, Proceedings of the 22nd International Air Transport Association's, Technical Conference,* IATA, Montreal.

第六章　纠正措施的影响：理论的一些实际运用

引　言

在这本书中，我们强调对航空安全要超越个人“人为因素”的重要性，用以支持接受任务 / 情境和组织因素等，这些因素会影响一线人员的行为表现。我们认为：纯粹的心理因素对于熟练行为的可靠性（如全神贯注、分心、错误感知、一时遗忘等）会产生影响，是最后也是最难控制的因素，而这些在事件序列中将导致飞行员、空中交通管制员、维修工程师出现各种差错。

在过去，那些直接的人—系统界面中可能或既定的最近端失效，往往成为事故调查员和监管机构所关注的焦点。但是，正如我们所说的，一线的不安全行为不是事故的充分原因，即使这一因素，比如“飞行员差错”已经被“神圣”载入航空事故调查的历史之中。在对人员选拔、培训和技术技能监控标准要求极为严格的行业中，发生灾难性差错或程序性违规的例子更可能是由于系统性失效预先存在的后果，而不是事故唯一或充足的原因。选择纠正事故因果关系中的潜伏因素而不是显性失效的观点，仍然会带给我们更多的意义，因为相比于差错的直接前兆是难以预测和处于短暂的状态，前者更易于管理，即便是在罕见的情况下，这些不容易能得以证明。

正如本书第一章所述，事故致因理论如果想要实现有效性，其实际应用就必须具有有效性。本章旨在总结本书中所涉观点中一些纠正措施所带来的影响。这些措施分为两个相互依赖的部分：被动措施，只能应用于事故征候或事故发生之后；主动措施，可以应用在此类事件发生前评估工作场所和组织的安全健康状态。有效的安全管理要求应用这两项措施。我们需要从事故和未遂事件中吸取经验教训，因为这些总会发生在危险的系统中。我们也要给那些管理和运作系统的人指出潜伏失效，这必须是复杂技术的一部分，无论怎么好的运行，都有可能引发事故。

为什么被动性型和主动性型举措是必需的以及相互依赖的

本书提出的事故理论要求我们所采取的补救措施应关注以下两个主要问题：

- 已知的任务、情境和系统因素，结合在一起，会促成差错和违规。这些将被称为集体组织性的差错促成条件（EPC），为简洁起见，差错这个术语包括违规以及疏忽、失误和错误等（参见第一章）。因果论证如下：本组织高层人士的战略决策在特定的工作场所内创建不可避免潜在差错产生的条件；随后这些与人员的身心状态进行交互产生了不安全的行为。
- 堡垒层和保障措施，减轻或阻止差错和违规行为的不良后果。这些将统称为防御层，并根据它们服务的功能（即报警、警告、保护、恢复、抑制、逃生和救援等）可进行分类（参见第一章），它们被各种系统性模式实施（即专设的安全设施、监督、安全讲评、行政控制、规则和条例、个人防护装备等）。

上述被动性型和主动性型措施的应用，相互作用，相互支撑，识别出差错促成条件，以及防守弱点或缺少防御层的问题。下文将介绍这些作用。

差错促成条件

被动式运用。这里存在大量潜在的差错促成条件。通过对若干特定领域的事故调查的分析，可以揭示这些对于各种航空情况的重要性，当然，这些调查充分注意到事件中涉及的环境和组织因素。在对几个特定领域有关的事故分析中可以揭示原因和后果的模式，这些很少会在单个事件的调查中显现出来。

主动式运用。工作场所或组织的安全健康，如同个人的健康，不能直接从单一的措施中获得；它必须从各种各样的“生命体征”的数值中获得推断。适当的事件分析可以识别出哪些指数在给定的背景中有可能产生最具有诊断性的评估（比如飞行驾驶舱、空中交通管制中心、维修机库等）。一旦识别出这些重要指标便可以定期测量，以提供（a）全面说明当前的安全健康——安全健康是指系统能够抵抗或承受其随时随刻产生的事故因素的程度，这些是在正常的运作过程中遇到的；(b) 识别这些情境和组织因素，这些都是在特定的时间最需要进行纠正的。这些评估的频率取决于过程中可能会发生的变化率。由于现场因素比组织因素变化更快，所以需要更频繁地实施监控。

防御层

被动式运用。每一次仔细调查的事件都通过一个系统的纵深防御记录了部分或全部事故轨迹。这些记录是重要的，因为它们显示出极其恶劣的以及不大可能的方式，也就是 SOD 定理中各种不良因素串连在一起，基于人、技术和系统的失效，甚至突破最复杂的防御系统，带来各种灾害，伤害受害者和造成财产损失等。再次，对几起事件的分析可以揭示经常出现且往往难以想象的防御性弱点。

主动式运用。定期评估各种防御层的完整性和有效性可以帮助我们发现目前存在的或者很可能会在未来出现的每一层的“洞”（参见第一章，见图 1.8）。实际上不存在一个十全十美的防御层安排，但定期检查系统，可以进行持续改进，识别出问题并修正。通过这种方式，安全管理正在从回顾式修复的过程（马逃跑后修复马厩的门）转变为前瞻式的处理问题，发挥主导作用（建造一个马厩，没有任何一匹马可以逃掉或想要逃掉）。

本章的其他部分将审查来自事故致因理论中一些被动性型和主动性型的措施。其中一部分已经很好地形成，还有些仍处在研究和发展阶段。在每个部分中，将首先概述所涉及应用的一般原则（被动和主动），然后列举实际的航空案例进行阐述。

理论的被动式运用

现实的挑战可以很简单地表达：我们如何开发一个事故调查工具，使其用户采用分步的方式回到由德莱顿（Moshansky，1992）和斯特拉斯堡（Paries,1994）调查中所识别出的各种组织和管理根源上？还有一个重要的问题：我们该如何在不浪费时间、金钱和人力的情况下这样做？显然，任何工具的设计，必须是适当的，毕竟大多数事故调查机构的资源都是有限的。

英国曼彻斯特大学的一个研究小组最近受到委托，创建事故调查工具，以适用于调查英国铁路公司发生的各种事故和事件。该工具叫 RAIT（铁路事故调查工具），最初应用于基础设施事故（即调车员和工人的事故）。虽然这是为铁路企业而不是为航空领域研发的工具，但其一般原则适用于各种运输活动，以及其他复杂、防守严密的技术行业。这其中的一般原则概述如下。

组织和管理因素

10 个铁路问题因素（RPF）被视为铁路基础设施事故中重要的组织和管理因素。下面分别列出这些因素，其子组件的详细描述可以在许多资料中找到（Reason，1993a，b）：

- 培训
- 提供工具和设备
- 材料
- 设计
- 沟通
- 规则
- 监督
- 规划
- 商业和运行压力
- 维护

第一章中介绍了该模型的主要组件。该模型识别出两个因果通路，链接这些组织的过程与事故和事件的发生：

- **显性失效通路**：这条通路开始于管理和组织领域，是有关于 10 个铁路问题因素的决策。所有此类决策，甚至是好的决策，很可能会对系统中某一点的某一人产生负面作用。这些消极的后果（组织病原体）在不同的工作场所作为差错促成和违规执行条件（如时间压力、没有意识到危害等）中得以体现。在执行一项特定的任务时，这些当时的因素可以与个人因素（即认知或动机问题）交互，从而出现差错和违规情况。其中一些可能会采取行动，穿透或跳过一个或更多的防御层，从而导致事故或事件的发生。
- **潜伏失效通路**：这种通路途径反映了组织过程可以对防御层产生不利的

影响，无须不安全行为（显性失效）在工作场所的干预。下面进一步讨论这些防御弱点的性质与种类（见步骤 2）。

RAIT: 分析步骤

RAIT 是事故致因模型作为一个实用调查工具的实现（运作）。它从结果开始，从积极和潜在的失败途径回到组织根源。当事故调查人员使用它来确定某一事件的根本原因时，它可以在事故调查模式下进行或在分析模式的根源时，它被应用于一些特定领域的事故，以确定因果关系的经常性模式。

每个事故（任何一种模式）都有 6 个主要步骤。这些都在图 6.1 中做了总结，具体如下：

第 1 步：描述结果：死亡、受伤或未遂事件。

第 2 步：识别出防御层和堡垒层的潜在问题。通过所服务的功能使用防御模式矩阵完成这一步。防御模式：（相对于安全问题的）监督、缺陷报告、专设的安全设施、安全讲评 / 培训、认证、规则、个人防护设备、保护系统、标准、程序和行政管制、危险源辨识和消除等。这些模式所提供的防御功能包括建立对于危险的识别和理解、检测预警、保护、恢复、抑制、逃生和救援等。预先存在的防御层失效（比如潜伏失效）加上当时绕过或躲避现有防御层（比如显性失效）的企图，通过将它们放在矩阵内相应的单元格中进行分类。

第 3 步：识别不安全行为的性质。可用的数据只允许三种方式分类：差错、违规和错误的违规。

第 4 步：识别和分类与这些不安全行为相关的任务或活动。

第 5 步：识别（这次事故作为一个整体）当时的因素有可能引起或促成不安全的行为。

第 6 步：确定事故的组织性根本原因。这涉及三个不同阶段：

（a）对步骤 2 中所识别出的每个潜伏的防御层失效进行评估，使用 0-4 评级来计算其相对于 10 个铁路问题因素（RPF）的贡献值。当对潜伏因素这些评级分数进行总计时，它们产生了潜伏失效（组织性）的整体情况（比如每个组织因素对于在那次事故中识别出的所有潜伏因素的相对贡献值）。

（b）针对步骤 5 中识别出的每个当时的因素，重复相同的基本过程。

这会产生显性失效的（组织性）整体状况，显示每个铁路问题因素 RPF 对于这次事故作为一个整体是如何促成当时因素的。

（c）潜伏和显性的整体状况被放在一起，对那次事故给出组织性整体情况。这识别出哪些铁路问题因素 RPF 对于潜伏和显性失效通路负最大责任。

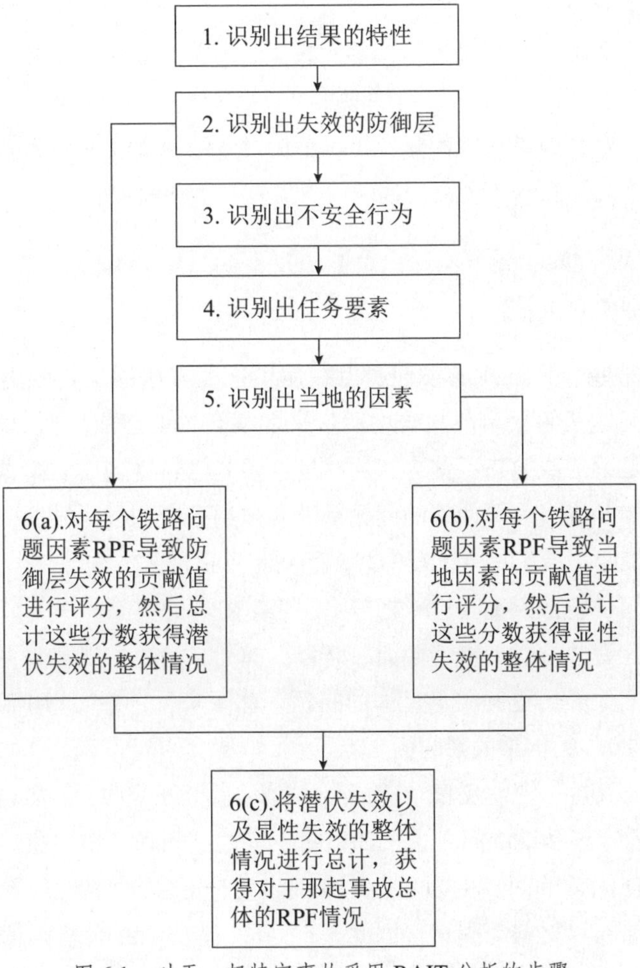

图 6.1　对于一起特定事故采用 RAIT 分析的步骤

对于 57 起基础设施事故的 RAIT 分析结果

当 RAIT 应用于 57 起铁路基础设施事故的调查报告（即其分析的模式）时，显示出其本身是一个可靠的事故调查工具，能够以成本高效的方式识别出管理、组织、技术和运行等根本原因的模式。这项研究取得了以下通用性的结果：

（a）铁路问题因素 RPF 整体情况（潜在的、显性的和聚合在一起的）显示出高度的一致性，不管什么分析师、事故结果和分析的方法。

（b）当 57 起事故被放在一起思索时，4 个铁路问题因素 RPF 似乎主宰了所有风险：监督、沟通、培训和规划。但是在许多事故中，更多的本地化技术和运行的因素（如工具和设备、材料、维修等）在事故序列中占主导地位。

（c）对防御层弱点的分析突出了：对危险源建立足够的意识度和理解有关的问题。在这里最大的缺陷是在监督和讲评领域。

RAIT 相关的问题

尽管有一些令人满意的发现，但在使用这种方法的工具中出现了一些问题。第一个问题是解决事故报告中所带来的嘈杂的渠道信息，RAIT 研究人员正在应对的是第二或第三手信息，这些信息预先已经受到原始调查人员的功利或偏见的影响。许多需要回答的问题都没有被调查者问过。显然，当事故现场调查人员直接应用该工具时，其中许多问题将不适用。

第二个问题涉及判断 10 个铁路问题因素 RPF 的贡献值——组织和管理的根源。RPF 分为两类。一组（培训、监督、规划、沟通和规则）主要涉及通用性的问题；其他 5 个更倾向于具体的问题。总体来看，5 个通用性铁路问题因素 RPF 占到 80% 的因果关系的因素。

可以说，这一结果反映了铁路问题因素 RPF 的共性差异（generality differences）。管理和组织问题，比如监督、沟通、规划、培训和规则等，它们的影响比具体问题的因素更为普遍（和被认为是更普遍的），后者如设计、工具和设备、保养和材料等因素。因此，它们可以从 RAIT 分析师那里获得更多因果归因和更高的评级。此外，有些事故报告通常提供的信息不足，我们无法排除这些更具通用性的因素所施加的可能影响。

通过类比方式将有助于阐明这个问题。我们可以想象一下 10 个铁路问题因素 RPF 是飞镖靶，因果归因则是飞镖。如果所有的目标都是相同的大小，加上分析师们“盲投”的飞镖，可以预料到偶然的机会，正中“标盘”是相当平等的次数。但这不是我们所发现的：在“击中”的问题上显然存在很大的差异。但是假设飞镖靶是不同大小的尺寸——如上文所述——那么，偶然的机会，更大的盘板将吸引更多的“点击”，这纯粹是由于它们的大小所决定的。

当然，这是最可能的解释：结果完全是由于对通用性和机会的感知差异所形成的组合。在现实中，研究者不是“盲目”归因，但他们通过事故报告扭曲的渠道信息，得出和事件的实际情况存在很大差异的结论。当然，原始调查人员有意或无意地强调一般性的管理问题，而以牺牲当时因素为代价也是有可能的。如果这样的话，分析师只是在一直反映调查人员的偏见。

然而，对于一些事故显然与更多当地的铁路问题因素 RPF 贡献相关这一事实对于如下可能出现的指责实质上是削弱了——前后一致的 RPF 整体状况（显示管理和组织因素占据主导地位）仅仅是由于铁路问题因素 RPF 之间通用性的差异而已。但是我们可以采用类似 RAIT 的分析，并且使用超过这里所说的 10 个问题因素的方式进行。我们认为，实施这些更全面的分析需要额外的精力和时间。例如，工作人员与部门沟通，但是它所取得的效果将压倒一切。也不妨考虑将监督和培训 RPF 分解成更具体和更容易成为针对性分析的子范畴的方法。

运用到其他领域

以上所述的是将模型应用到高度特定的领域中，比如铁路基础设施等。虽然基本步骤仍然可以用于航空事故的调查，但除了 RAIT 采用的 10 个铁路问题因素 RPF 以外，我们可能需要其他更多的组织和管理因素，虽然 RPF 和特定于航空行业更多系统性因素之间会出现很大程度的重叠。下面列举 RAIT 分析方法在航空业中的实例。

飞行可控撞地事故的类似 RAIT 分析

飞行可控撞地（CFIT）事故从广义上讲，是指完全正常的飞机，没有任何缺陷或故障，无意中和地面（或水面）相撞，飞行机组人员对于即将发生的灾难没有任何的意识。DC10 飞机撞到埃里伯斯山（参见第二章），就是 CFIT 事故的一个经典案例。根据宣传数据统计，CFIT 事故占过去一年飞机事故的绝大部分。国际航空界间建立了广泛的共识，我们需要采取紧急补救措施，以遏制这些事故的发生。

1994 年年底，国际民用航空组织（ICAO）在其飞行安全和人为因素项目的范围内分析了 24 起 CFIT 事故。分析之后，随之而来的是在这本书中所提倡的方法论与理念。用来进行分析的工具就是第一章中所讨论的一般事故因果关系模型。所选择的事故被认为是在世界不同地区不同种类的运行和环境中最具代表性的跨样本案例。事故分析清单见表 6.1。

表 6.1　CFIT 事故列表

1. 飞机事故报告，纳汉尼空运服务有限公司，加拿大德哈维兰DHC-6-100 C-FPPL，西北地区富兰克林堡，1984年10月9日。报告编码84-H40004。
2. 航空事故报告，拉布拉多航空有限公司，加拿大德哈维兰DHC-6-100 C-FAUS，纽芬兰拉布拉多鹅湾；1984年10月11日。报告编码84-H40005。
3. 航空事故报告，辛普森航空有限公司，Beechcraft B-90C-GDOM，西北地区堡辛普森机场，1988年10月16日。报告编码A 88W0234。
4. 飞机事故报告，巴西航空工业公司110 Bandeirante，OH-EBA，芬兰Ilmajoki机场附近，1988年11月14日。重大事故报告2号/1988，赫尔辛基，1990年。司法部，Ilmajoki飞机事故调查委员会。
5. 航空事故报告，Voyageur航空公司，Beechcraft A-l00 C-GJUL,安大略省沙普洛，1988年11月29日。报告编码8800491。
6. 航空事故报告，Creebec航空公司，Hawker Siddeley HS 748-2A C-GQSV, 魁北克省Waskaganish，1988年12月3日。报告编码A88Q0334。
7. 飞机事故报告，Fairchild Swearingen Merlin III SA226T, N26RT,赫尔辛基-万塔机场，芬兰，1989年2月23日，事故报告1号/1989，赫尔辛基1989，司法部，调查重大事故策划委员会。
8. 航空事故摘要，雷鸟航空有限公司，Piper PA-31T Cheyenne C-GAMJ，西北地区Hall Beach, 1989年4月17日。摘要编号A89C0069。
9. 航空事故报告，Skylink航空有限公司，Fairchild SA227 MetroIII C-GSLB,不列颠哥伦比亚省Terrace机场，1989年9月26日。报告编码89H0007。
10. 飞机事故报告，Aloha Islandair股份有限公司。航班1712，德哈维兰双獭飞机，DHC-6-300，N707PV，夏威夷莫洛凯岛哈拉瓦点，1989年10月28日。
11. 印度航空公司空中客车A-320飞机VT-EPN在1990年2月14日班加罗尔事故报告，印度政府民航局。
12. 航空事故报告，Frontier航空有限公司，Beechcraft C99 C-GFAW，安大略省Moonsonee，1990年4月30日。报告编码A90H0002。
13. 事故调查报告，Beech King航空公司E90 VH-LFH,昆士兰旺代，1990年7月26日。BASI报告 B/901/1047。

续 表

14. 关于意大利航空公司DC-9-32事故联邦飞机事故调查委员会最后报告。航班号AZ404，I-ATJA，在Weiach的Stadlerberg,1990年11月14日。
15. 飞机事故汇总报告，可控飞行撞地，布鲁诺公司，Beechjet，N25BR，佐治亚的Rome，1991年12月11日。
16. 飞机事故汇总报告，商业快递公司，Beechcraft 1900C N811BE，罗德岛布洛克岛附近，1991年12月28日。
17. 事故调查委员会报告，1992年1月20日圣奥迪尔（Bas Rhin）的一架A320飞机注册号F-GGED，塞尔维亚共和国。
18. 航空器事故调查最终报告，CV 640，N862FW， Gamcrest-Gambie， 1992年9月，塞内加尔共和国运输备部。
19. 飞机事故报告，可控飞行撞地，GP快递航空公司，航班号861，Beechcraft C99， N118GP，1992年6月8日，PB93-910403 NTSB/AAR-93-03。
20. 泰国航空A310事故报告，航班号TG311（HS-TID），1992年7月31日。尼泊尔政府，1993年6月。
21. 巴基斯坦国际航空公司A300事故报告，航班PK268（AP-BCP），1992年9月28日。尼泊尔政府，1993年。
22. 飞机事故汇总报告，可控飞行撞地，GP快运航空公司，N115GP Beechcraft C99，内布拉斯加州的谢尔顿，1993年4月28日。PB94-910401 NTSB/AAR-94/01/SUM。
23. 飞机事故报告，可控飞行撞地，联邦航空局Beech Super King Air 300/F, N82, 弗吉尼亚Front Royal,1993 年10月26日。PB94-910405 NTSB/AAR-94-03。
24. 飞机事故报告，可控飞行撞地，ExpressII航空公司/西北Airlink航班5719,Jetstream BA-3100, N334PX,明尼苏达州Hibbing,1993年12月1日。

事故涉及商业航空运输涡轮螺旋桨 / 涡轮喷气飞机事故调查工作，从 1984 年到 1994 年，这里不涉及飞机重量或座位数量等。从研究中获得的数据是从官方正式调查报告提取的事实数据，没有分析师的推论或假设。

研究的目的是确定是否有一套人类的行为表现问题，以及涉及发生 CFIT 事故的组织因素，这些都是官方报告中经常出现的因素。换句话说，本研究从人和组织因素的角度试图定义 CFIT 事故的“解剖”。

国际民航组织早就认识到运行人员行为表现差错不是发生在社会的真空中，而是存在于要么抵御要么培养这些的背景中。虽然所分析的 CFIT 报告中引述了人的表现的失误，但同时还揭露了航空系统的缺陷，可能对于人的行为表现产生了不利的影响。分析只限于官方报告所识别出特定航空系统的那些缺陷，没有分析师的推论或假设。

因此分析呈现了导致 CFIT 事故的双通路："显性"的途径，由一线运行人员（即飞行员、管制员等）的行为或不作为而产生的；和"潜伏"的途径，由航空系统各个方面的缺陷生成的。

下面以图表的形式提出了通过分析得到的数据。此信息旨在促进航空领域集中力量对每个类别下识别出的四个或五个重要因素采取补救措施，以遏制 CFIT 事故的祸害。

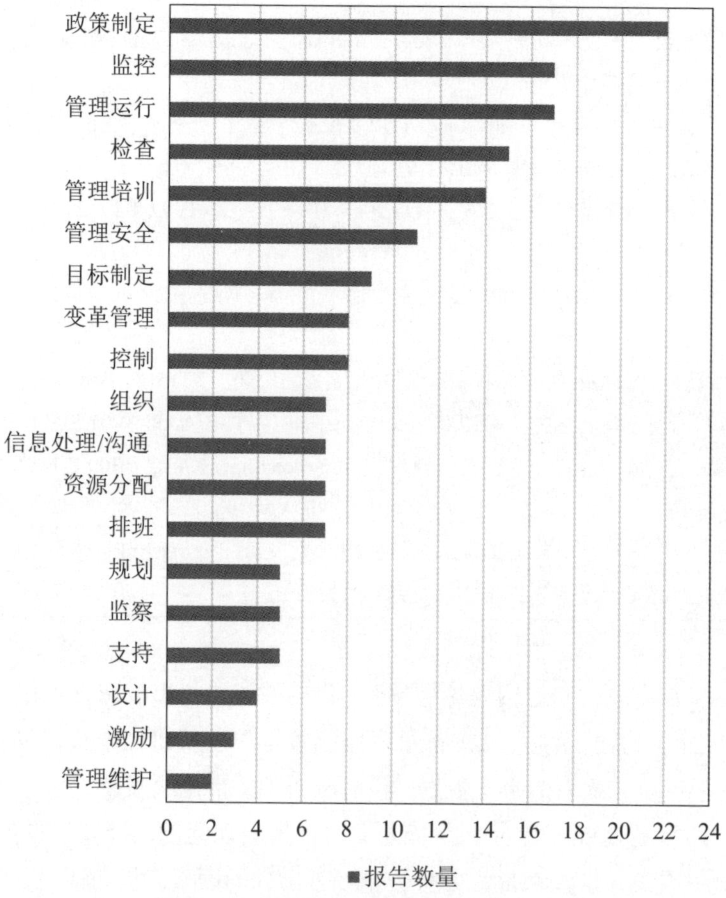

图 6.2 组织过程（基于 24 份调查报告）

图 6.2 显示了明确的组织政策根本重要性，清晰地指出一线人员的行为在实践中哪些是管理层所期望的。它还说明了在生产和安全目标之间资源分配冲突的后果，通常是有缺陷的组织决策的一个副产品。同样，图 6.2 支持关于管

理层责任的论据（参见第二章），这些责任包括在建立预测、遏制和控制不期望的和没有预期的事件，这些可能通过有关于组织过程质量充足的反馈而危及系统安全。

图 6.3 表明航空系统中的哪些防御层、堡垒层和保障措施是最容易被有缺陷的组织流程（考虑 CFIT 事故时）所攻击的。数据的一致性是显而易见的，图 6.2 中制定政策和标准、定义程序和监督其正确实施、培训（包括机组人员协调培训）是事故报告中识别出的排名靠前的组织流程。值得一提的是 6 起事故中的 4 起，其中比较差的人体工程学优化设计被识别出是作为一个没有按照预期发挥作用的防御层，没有按预期装备先进技术的自动化飞机那样发挥作用。这对于我们来说可能是一个警示：不要过分依赖技术，以牺牲更广泛的系统考虑来遏制人为差错带来的不利后果。

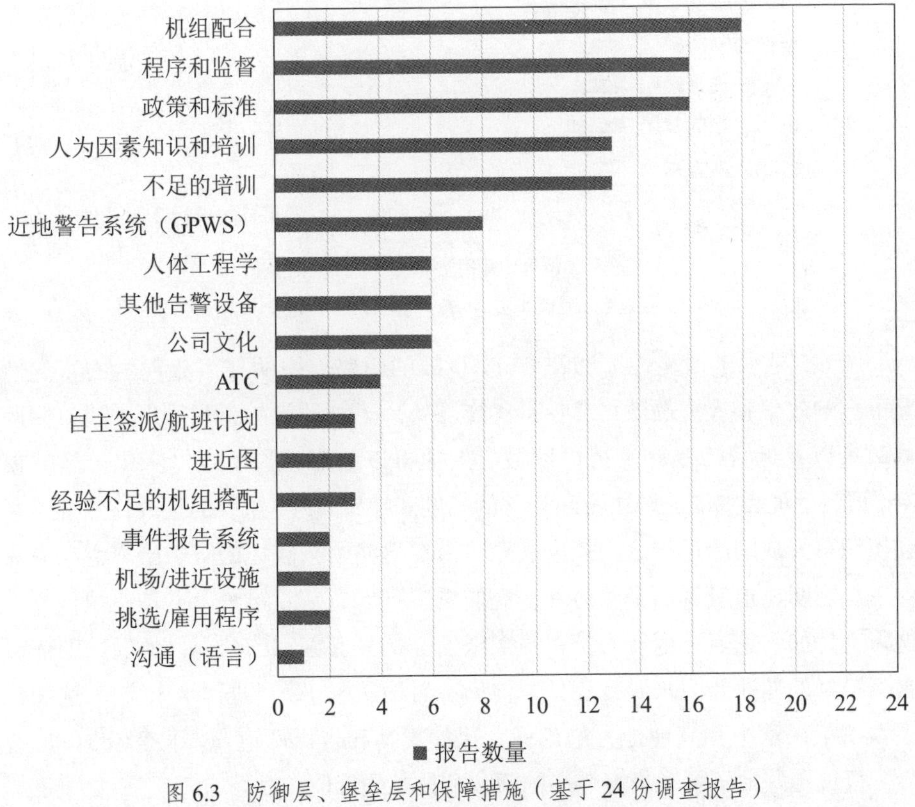

图 6.3　防御层、堡垒层和保障措施（基于 24 份调查报告）

图 6.4 完整呈现了“潜伏”通往 CFIT 事故的通路，识别出的三种最顶层类型潜伏失效的数据符合组织流程最重要的缺陷，也是在图 6.2 和 6.3 中识别出最常被突破的防御层。监管是事故报告中查出的第四个最重要的潜伏失效，表

明——与传统理解不一样——航空公司不是在航空领域活动导致安全失效并生成事故潜力的唯一组织。

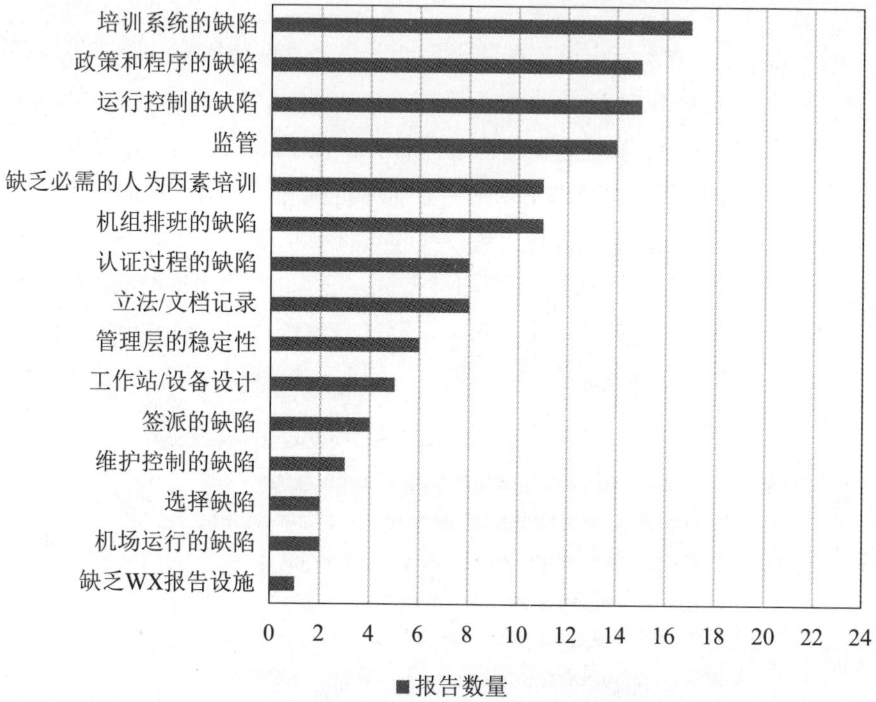

图 6.4 潜伏失效（基于 24 份调查报告）

图 6.5 显示了“显性”通往 CFIT 事故的通路，说明在事故发生的特定情况下影响效率和人力绩效可靠性的工作环境。不利环境的不利后果，通过明确的政策以及运行控制和反馈可以最有效地得以缓解。为了应付变化的运行惯例，培训系统必须能够解决不断变化的问题。导致 CFIT 事故的重大任务性因素和组织重大缺陷的过程之间产生联系，潜在通路中被破坏的防御层和潜在失效似乎相当明显地呈现出来。另外，我们更多看到的是差错（而不是违规行为），这将支持如下论点：运行人员在最大限度上是具有善意的个人，他们试图依照自己最好的专业能力来履行责任。他们不时地屈服于人类固有的限制。这加强了本书第一章中和其他地方的论据，比如规劝和告诫“应该要做得更好”，或者“应该更好地了解”具有最小的预防和补救的价值。

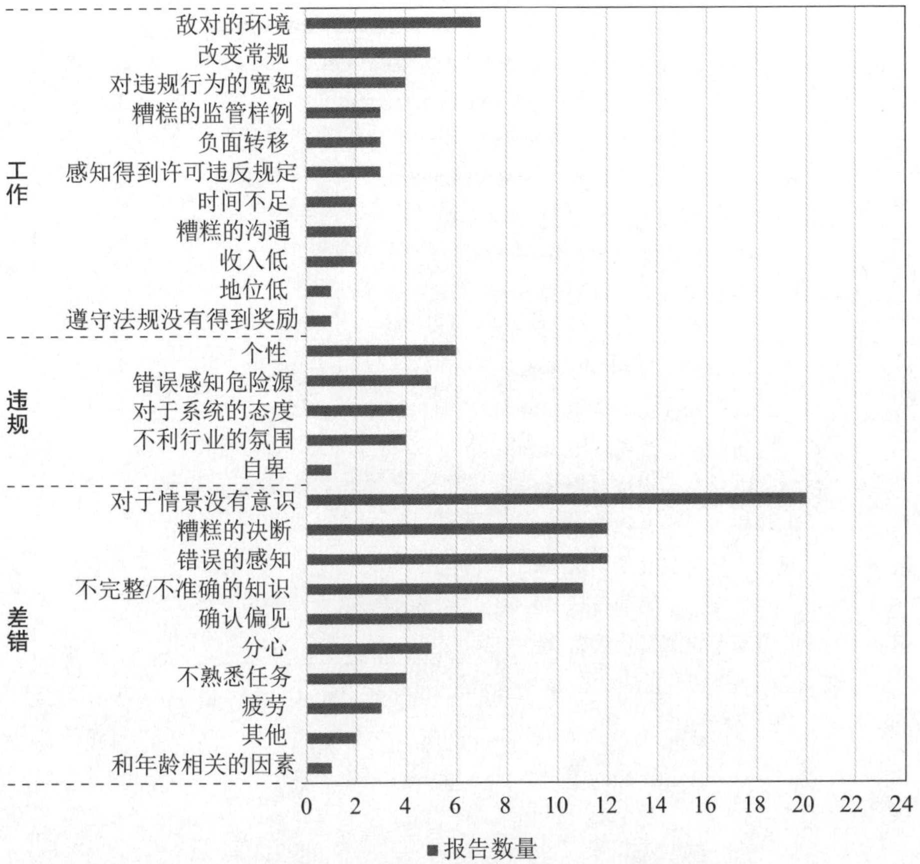

图 6.5　显性失效（基于 24 份调查报告）

图 6.6 识别出没有应用程序或不遵守程序，包括不飞飞行员（PNF）、未能监控飞行的飞行员（PF），作为最重要的显性失效。但是至关重要的是，我们要拒绝这种诱惑——考虑这些差错是孤立的事件。事实上，当考虑到周围的事件，我们进行大量事故分析后会发现，出现了如下模式，通过“运行走捷径快捷方式”往往是最好的方式，并在许多情况下是飞行机组必须完成他们任务的唯一方式。

我们汇总数据后，对于事故致因模型（分析所有 CFIT 事故）每个类别的相对贡献值进行分析（见图 6.7）。

图 6.7 充分诠释了本章的观点，以及这本书的基本构想——我们需要超越“人为因素”，其中人为因素、工作任务、情境和组织因素等共同塑造人类的行为表现，但是人为因素在其中的相对贡献率只约点 12%。对于纠正影响——按照主动式和被动式安全管理——数据在图 6.7 中显而易见。

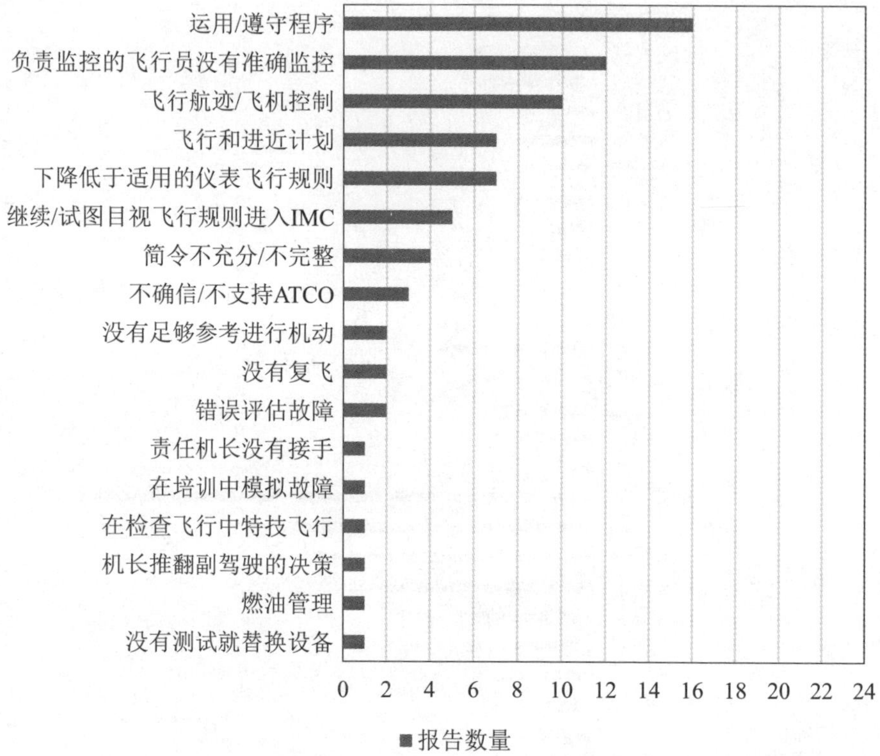

图 6.6　显性失效（基于 24 份调查报告）

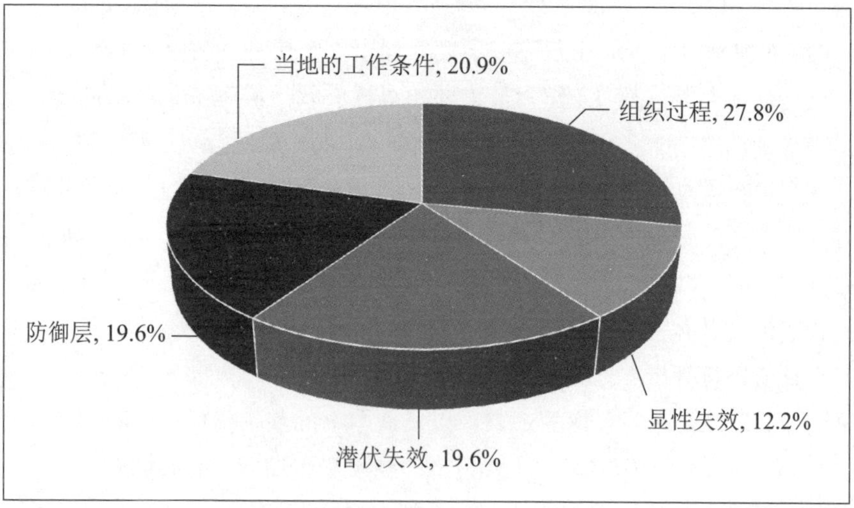

图 6.7　CFIT 事故（基于 24 份调查报告）

理论的主动运用

被动的措施是安全管理系统的重要组成部分，它们面临许多局限性。由于其性质，它们是在事件发生之后才揭示各类问题。它们提供的信息太少也太迟，无法支持有效的安全管理。这在航空领域尤其如此，事故数量相对偏小，并在过去 20 年一直保持大约 10^6 个飞行小时出现一起致命事故。因此，负面结果的数据是比较少的，在它们轻微的年度波动中经常输送的是噪声，而不是信号。未遂事件报告系统（例如，英国航空公司的机密人为因素报告方案，参考 O'Leary 和 Fisher，1993）帮助填补了这一空缺数据，并提供有价值的见解——组织和情境基础性的因素，但即使这种卓越的方案，还是不足以自行衡量组织的安全健康。它们分享所有其他负面（或接近负面）结果数据，问题在于它们太容易受到幸运和不幸运机会的影响。良好的组织也会发生事故，甚至是大批有惊无险的事件——这并不自相矛盾，因为只有好的组织有可能第一时间接受这种报告。反之，好运气也可以让坏组织保持较长时间无事故。

安全的两面性

我们需要认识到安全，就像健康一样，具有两副面孔。比如事故和未遂事故报告制度表现出消极的一面。这些揭示了致命性的一面。当然这其中也有积极的一面，具有在系统内抵御事故产生“祸殃”的能力。消极的结果数据很容易转换为数字、图表和趋势，主动安全“健康”是很难固定和测量的。若要了解如何衡量健康，我们需要引入安全空间的观念。

安全空间

让我们详细阐述一下安全的两面性。法国伟大的数学家泊松推导出著名的数据分布，即“泊松分布”，如在给定的时间内计算骑兵持续被马腿踢的数目。不被踢的比例最大，比较小的数量会被踢一次，更小的数量是两次，也有极少数会被踢三次或多次。泊松的兴趣是人被踢的数量，但我们先考虑一下没有被踢的情况。他们出于同样的原因能否逃避这些自然灾害（被踢）呢？它是极不可能的。其中一些纯粹是幸运所致。比如当他们接近马匹的后端时，一些人持谨慎态度。还有一些人一方面是非常谨慎的；另一方面已经与他们的坐骑建立了良好的关系。

因此，虽然“泊松分布”通常表示为一边性的，被踢增加的频率尾部分布到右边去，它可能——如果数据可用——被转换为双尾分布，增加抵御被踢数量的能力，分布在左边。我们的兴趣是“安全空间”涵盖这两面分布的总数（见图 6.9）。

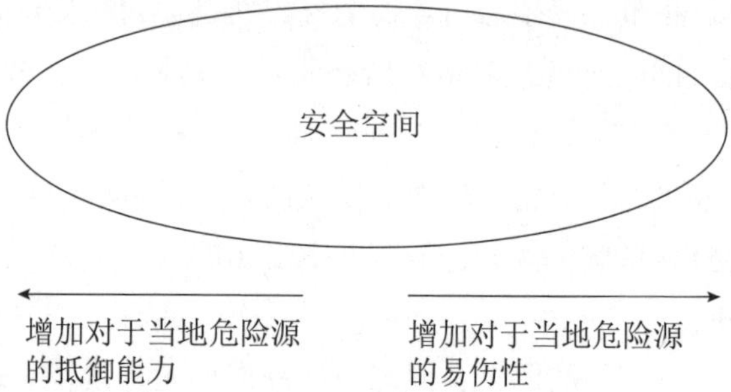

图 6.8　安全空间

空间绘制成雪茄形状，以显示虽然很多人或组织可能占据中间地区，但只有极少数会占据最大可能抵御（这并不等于完全免除）和最大漏洞的极端位置。绝对安全是不可能实现的。安全空间的价值所在是因为它显示了安全管理的目标：到达最大可能的抵御区，并待在那里。然而待在那里，这就是最大的挑战。事故发生之后，负最大责任的组织会进行修复和改革，他们将前往更大的抵御区域。但是，在没有适当测量的情况下，很难维持这种改进，所以标准会放松，组织再次漂移回空间的右手边，直到被另一个事故重新激发，所以出现了来来回回的情况。问题在于，事故和事件数据不能充分说明一个组织在安全空间内的位置。主动式和被动式安全措施相结合可提供寻找安全空间的助航设备（见图 6.9）。

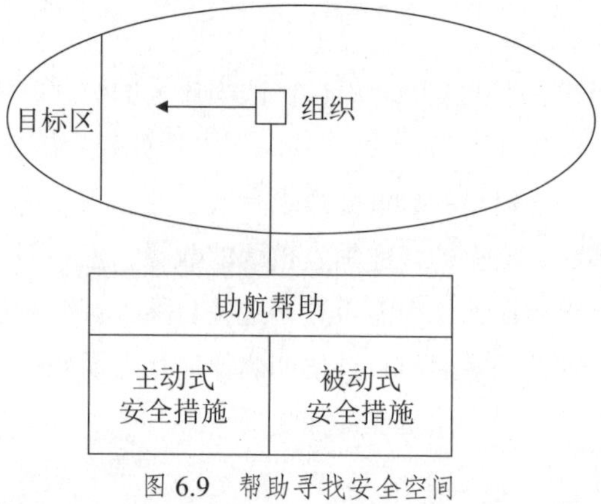

图 6.9　帮助寻找安全空间

评估组织安全健康

当医生进行常规检查时，会抽取身体系统中的几个关键样本，如心血管、肺、神经系统、排泄系统等。医生通过对血压、心电图、胆固醇、尿检、反应能力等各项内容的测量，做出关于健康总状况的专业判断。

对于一个人的健康没有直接、明确的衡量标准。它从生理指标和生活指标中进行选择，从而推断出状况。对于复杂危险的系统，同样也是如此。评估组织当前安全健康的状态，如同医学中对于一些指标定期和明确地采样。但是评估组织的安全健康应该采取什么维度呢？

评估的原则

在应用研究领域我们尝试过各种诊断性的方法。评估维度的单个标签根据不同的行业（石油勘探和生产、油库、直升机、铁路运营和飞机工程等）而不同，但它们始终遵循两个原则。首先，它们尝试将组织中的那些缺陷，在记录事故中清晰地标注出（硬件缺陷、不兼容的目标、糟糕的操作程序、人员不足、高工作负荷、训练不足等）；其次，它们寻求包括对于这些核心流程具有代表性的抽样，这些流程对于所有的技术组织是通用的（设计、建造、操作、维护、管理、沟通等）。

由于不可能为所有类型的危险操作提供一套单一的通用指标，那么安全健康应该如何评估呢？方法之一是简单地列出我们目前测量的组织因素。Tripod-Delta 三脚架事故致因模型方法被壳牌国际公司在其许多勘探和生产经营公司，以及壳牌油轮、北海合同直升机运行等领域的具体工作场所中应用，以季度或半年为时间间隔评估 11 个一般失效类型（GFT）的状态，包括硬件、设计、维护管理、程序、差错造成条件、总务管理、不兼容的目标、组织结构、沟通、培训和防御层等。选择和测量这些一般失效类型（GFT）背后的原理，可以在其他资料中找到（Hudson et al.，1994 年）。

Tripod 方法使用有形的维度相关指标，作为 11 个一般失效类型（GFT）中每个状态的直接测量或症状。这些指标是由任务专家生成，并通过每个测试场合的计算机程序组装成清单。各项指标的性质根据活动不同（钻井、地震、运输等）以及不同的测试而产生差异。下面列出了与离岸钻井平台相关联的设计指标。以下问题都以是 / 否为答案：

- 这个平台是否原本设计为无人操作?
- 关断阀上是否安装在两米以上的高度?
- 标准(公司)编码是否用于管道?
- 在这个平台上是否还有甲板和走道,在高度上是否有所不同?
- 在过去一周是否有两个以上不定期的维修工作?
- 低压排气系统中是否有难闻的气味?

REVIEW 这个方法最初由英国铁路(现在 Railtrack 拥有)采用,用于测量 16 个铁路问题因素(Reason,1993a,b),包括工具和设备、材料、监督、工作环境、工作人员态度、总务管理、合同商、设计、员工沟通、部门的沟通,人手配备和排班、培训、规划、规则、管理和维护等。(注:在 RAIT 范围内讨论的 10 个 RPF 是这个完整列表中的一个子集。)

REVIEW(和 MESH——将在下面详细描述)关于具体位置和任务,使用直接的五点评级维度。在案例中,很多不同等级和职业的人,通过计算机程序作出相应的判断。

基于本理论基础的第三个和最近出现的主动性工具名叫 MESH(管理工程安全健康),当前正在英国航空公司机务工程领域中被使用。因为这一工具最直接地适用于航空行业,所以接下来将进行详细的讨论。

MESH

MESH 是一套在特定的工程位置内可见的诊断工具,主要针对情境和组织因素最有可能导致人为因素的问题(Reason,1994)。总体来看,这些措施在当地工作场所和一般的通用水平下,旨在说明系统的安全(和质量)健康状况。为方便起见,整个诊断包在相互链接的一套计算机程序内执行。

假设。MESH 基本假设如下所列:

- 高标准的安全、质量和生产率都是组织健康的直接职能——那就是,系统对产生事故的各种因素所具有的内在抵抗力;
- 健康就是从几个因素之间相互作用所产生的东西,而且是在本地工作层面和组织的层面;
- 系统的健康状态可以通过定期测量为数有限的组织的因素进行评估和控制;

· MESH 旨在提供维持长期健康方案所需的测量。

工作场所事故产生因素。工作场所事故产生因素分为三个基本类别：人的易犯错性、技术和程序性缺陷，以及当地的危险。我们可以把它们想象成三个水桶（见图 6.10）。

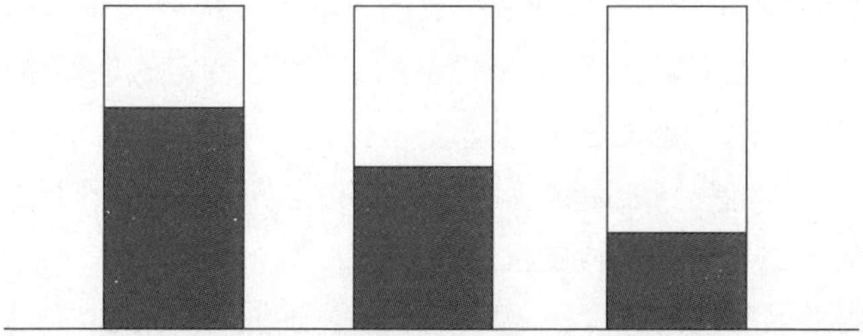

图 6.10　在工作场所中事故产生的因素

每个水桶里的内容可能会根据时间不同而有所不同，但是它们永远都不可能是空的。想象一下，每个存储桶都会散发极少量的物体。桶越充实越满，它散发得越多。让我们假设：当这些散发物偶然结合在一起时，面对一些微弱或根本不存在的防御层，就会引发事故和事件。

MESH 旨在给出存储桶容量变化的最新信息。它是通过抽样选定放入每个存储桶的原料而确定的。

评估当地因素。准确地评估当地因素取决于工作场所。一些因素对所有位置都是通用的，但另外一些因素会根据地方不同而有所不同。在运行的机库可以测量以下 12 个当地因素：

· 知识、技能和经验
· 士气
· 工具、设备和部件
· 支持
· 疲劳
· 压力
· 工作时间
· 环境

- 计算机
- 文书工作、手册和程序
- 不便性
- 人员安全特性

评估是通过简单的主观评价来确定的，这些当地因素中的每一个都与工作、天数或任务的数量有关（这些如何明确取决于特定的工作位置）。评估直接在电脑上使用鼠标或键盘进行。

理想情况下，这些当地因素应在任何给定地点的一线工作场所中工作量花费在 20%—30% 进行评估。应随机选择评估人员，每个人在一段有限的时间比如一个季度内，做每周的评级，之后再随机分配另一组新的评估人员等。这种选择方法是基于 MESH 作为一种抽样工具的事实。

评估人员都是匿名的。在登录 MESH 程序后，他们被要求给出自己的评分、业务开展情况和地点等。评估者完成他们的评级后，需要向他们提供在过去四周内所有评级累积计算的整体状况，以及这些评估者自己的评估情况。

图 6.11 显示当地因素的概况。按照序号 Y 轴表示，每个当地因素已经构成一个问题（在一段给定的时间内执行各种任务）的相对程度。

乍一看，这个状况显示出哪些当时当地因素是最需要修复的，其意图在于提示当地的管理层应侧重于解决最严重的两个或三个当地因素。资源永远都是有限的。更好的做法是，定位于这些具体问题，而不是试图解决所有问题。因此，当地因素整体状况允许管理层来识别出其质量和安全目标的优先级。

评估组织因素。在每个工作场所测量相同的 8 个组织因素。如下所列：

- 组织结构
- 人员管理
- 工具和设备的提供和质量
- 培养和选拔
- 商业和运行压力
- 规划和调度
- 建筑物和设备维护
- 沟通

如同对于当地因素计算一样，针对特定作业或任务评估也可以按照五分评级尺度。

组织因素需要评估，可以通过技术管理等级、组织整体和其特定工作场所之间接口界面上的人员进行评估。由于组织因素可能比本地因素变化更为缓慢，评估可采用更短的时间间隔，比如每月甚至每个季度进行。

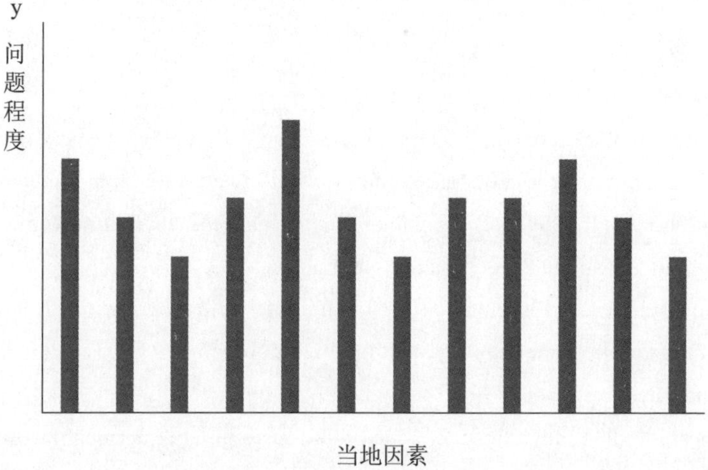

图 6.11　当地因素整体状况（正常情况下，特定当地因素应该在 X 轴上列出）

主动性健康检查的最后之言

我们应该指出的是，上面列出的相对较少的组织和管理因素是特定于安全领域的。而且，它们涉及整体系统的质量事宜。因此，它们除了直接接触破坏性危害外，也可以用于主动衡量负面结果的可能性，如损失的市场份额、破产、民事法律责任和刑事检控等。

在所有三个诊断性工具中，测量被概括为以上各种条形图。它们的目的是识别出最需要修复的两个或三个因素，并随着时间的推移跟踪这些更改的过程。保持足够的安全健康，这可以媲美于一个长期的健身计划，以前非常突出的因素得以改进，同时新的因素又突出显现改进的焦点在不同维度间进行转换。像生命一样，有效的安全管理是“该死的事情一件接着一件”。

概括和结论

争取达到最好的安全水平——内在抵御各种危害，就像是打游击战。可以预期，没有绝对的胜利。安全战争是没有“滑铁卢”的。

有效的安全管理要求被动和主动的信息，以指导组织关注该领域的安全空间，与应对运行危险源最大的弹性力关联。不过，在这两种情况下，有必要识别出导致不安全行为的组织和情境因素。它们最好是对潜伏失效所在的“沼泽”进行排除污水的管理，因为这是潜伏失效的繁殖基地。

参考资料

1. Hudson, P.T.W., Reason, j., Wagenaar, W., Bentley, P., Primrose, M. and Visser, J.（1994）Tripod Delta: Proactive approach to enhanced safety. *Journal of Petroleum Technology*, 46: 58-62.

2. Moshansky, V.P.（1992）*Commission of Inquiry into the Air Ontario Crash at Dryden, Ontario*. Ottawa: Ministry of Supply and Services Canada.

3. O'Leary, M. and Fisher, S.（1993）*British Airways Confidential Human Factors Reporting Programme: First Year Report*（*April 1992–March 1993*）. Hatton Cross: British Airways Safety Services.

4. Pariès, J.（1994）Investigation probed root causes of CFIT accident involving a new-generation transport. *ICAO Journal*, 49: 37-41.

5. Reason, J.（1993a）*REVIEW.Vol 1.Management Overview*. London: British Railways Board.

6. Reason, J.（1993b）*REVIEW.Vol II. Theory*. London: British Railways Board.

7. Reason, J.（1994）Comprehensive error management in aircraft engineering. *Human Factors in Maintenance.Proceedings of the Aerotech 94 Congress*. London: Institution of Mechanical Engineers.

图书在版编目（CIP）数据

超越航空人为因素 / 丹尼尔·E·马力诺（Daniel E. Maurino）等著；倪海云译.
—北京：中国工人出版社，2018.5
书名原文: Beyond Aviation Human Factors
ISBN 978-7-5008-6996-2

Ⅰ.①超… Ⅱ.①丹… ②倪… Ⅲ.①航空安全—人为因素—研究 Ⅳ.①V328
中国版本图书馆CIP数据核字（2018）第108340号
著作权合同登记号：京权图字01-2017-5346

超越航空人为因素

出 版 人	芮宗金
责任编辑	安 静
责任校对	赵贵芬
责任印制	栾征宇
出版发行	中国工人出版社
地 址	北京市东城区鼓楼外大街45号 邮编：100120
网 址	http://www.wp-china.com
电 话	（010）62005043（总编室） （010）62005039（出版物流部）
	（010）62382916（职工教育分社）
发行热线	（010）62005996 （010）82075964（传真）
经 销	各地书店
印 刷	北京美图印务有限公司
开 本	710毫米×1000毫米 1/16
印 张	10
字 数	170千字
版 次	2018年6月第1版 2018年6月第1次印刷
定 价	40.00元